_.. razia

Ahmed Said Nouri
Nizar Abdennabi

Commande à régime glissant des systèmes discrets à retard sur l'état

Yassine Ben Yazid
Ahmed Said Nouri
Nizar Abdennabi

Commande à régime glissant des systèmes discrets à retard sur l'état

Éditions universitaires européennes

Impressum / Mentions légales

Bibliografische Information der Deutschen Nationalbibliothek: Die Deutsche Nationalbibliothek verzeichnet diese Publikation in der Deutschen Nationalbibliografie; detaillierte bibliografische Daten sind im Internet über http://dnb.d-nb.de abrufbar.

Information bibliographique publiée par la Deutsche Nationalbibliothek: La Deutsche Nationalbibliothek inscrit cette publication à la Deutsche Nationalbibliografie; des données bibliographiques détaillées sont disponibles sur internet à l'adresse http://dnb.d-nb.de.

Coverbild / Photo de couverture: www.ingimage.com

Verlag / Editeur:
Éditions universitaires européennes
ist ein Imprint der / est une marque déposée de
OmniScriptum GmbH & Co. KG
Heinrich-Böcking-Str. 6-8, 66121 Saarbrücken, Deutschland / Allemagne
Email: info@editions-ue.com

Herstellung: siehe letzte Seite /
Impression: voir la dernière page
ISBN: 978-3-8417-4580-4

Table des figures

Introduction général

Durant les dernières années, l'étude de la stabilité et la stabilisation des systèmes à retard a reçu une attention particulière de la part des chercheurs de la communauté scientifique [26].

Cet intérêt découle du fait que le phénomène du retard apparaît au niveau de la plupart des processus industriels telle que la biologie, l'écologie ou les télécommunications. Ces systèmes sont représentés par des équations différentielles dont l'évolution dépend non seulement de la valeur de leurs variables d'état à l'instant présent mais aussi d'une partie de leur "histoire". Ces équations différentielles sont ainsi dites "héréditaires" ou "à arguments différés" ou plus simplement "à retard" [29].

La présence du retard dans une boucle de commande conduit, généralement, à de mauvaises performances (stabilité, convergence ...). En présence des perturbation extérieurs et variations paramétriques, la situations devient plus compliquée. Donc le recours à des commandes robustes est indispensable [16, 29] telle que la commande par retour d'état et de sortie [8, 12], prédicteur de Smith [6, 9], ... On s'intéresse ici à la commande par mode glissant [1, 2].

La commande à régime glissant est un cas particulier des systèmes à structure variable. La théorie des systèmes à structure variable a fait l'objet de multiples études depuis une cinquantaine d'années. Les premiers travaux sur ce type de systèmes sont ceux d'Anosov [5], de Tsypkin [33] et d'Emelyanov [11] dans l'ancienne URSS, ou ceux d'Hamel en France sur la commande à relais. Ces recherches ont connu un nouvel essor à la fin des années soixante-dix lorsque Utkin introduit la théorie des modes glissants. Actuellement, cette technique de commande connaît une large gamme d'applications dans des domaines très variés tels que la robotique, la mécanique et l'électrotechnique....etc.

La commande par mode glissant consiste à amener la trajectoire d'état d'un système bouclé vers une surface de glissement (ou surface de commutation) et à la faire commuter à l'aide d'une logique de commutation autour de la surface jusqu'au point d'équilibre [22]. Dans ce cas, le système est dit commandé à régime glissant et sa dynamique devient insensible aux variations paramétriques, aux erreurs de modélisation et à certaines perturbations extérieurs. Cette commande présente des avantages par rapport aux autres types de commandes à titre d'exemple ; la haute précision, la bonne stabilité, la simplicité de mise en oeuvre, l'invariance et la robustesse vis-à-vis des perturbations extérieures et variations paramétrique du système.

Dans la littérature, il existe plusieurs méthodes pour fixer les coefficients de la fonc-

1

tion de glissement, à savoir la méthode de placements de pôles et les LMIs [12]. Les LMIs est un outil très efficace permettant d'optimiser le choix de coefficients de la fonction de glissement et peut améliorer les performances du système en boucle fermée, grâce à la réduction de la durée de la phase de convergence.

Ce rapport comporte trois chapitres :

Le premier chapitre est constitué de deux parties. La première partie est consacrée à l'étude générale des systèmes discret à retard sur l'état. La deuxième patrie présente une introduction sur la commande par mode glissant en temps discret.

Le deuxième chapitre est consacré à la synthèse de la commande à régime glissant pour les systèmes à retard sur l'état en utilisant les méthodes classiques pour le choix des co-efficients de la surface de glissement. Par la suite , on a utilisé la technique de LMI pour optimiser le choix des coefficients de la fonction de glissement. Une étude comparative entre l'utilisation de la fonction classique et celle dynamique est présentée. Enfin, la ro-bustesse est étudiée en présence des incertitudes bornées en normes.

Le troisième chapitre présente une étude sur la commande à régime glissant des sys-tèmes discrets multivariables à retard sur l'état. La synthèse de la commande à régime glissant est développée. Un étude comparative entre l'utilisation de la technique de LMI et celle par placement de pôles dans la synthèse de la surface de glissement est présentée. Enfin, les résultats de simulations numérique sont présentés et interprétés.

Une conclusion générale et des perspectives achèvent le présent travail.

Chapitre I

Système à retard sur l'état et commande à régime glissant

Sommaire

I.1 Introduction

L'évolution de l'état d'un système est déterminée par l'état présent, c'est à dire indépendamment de l'état passé selon le principe de causalité, qui n'est qu'une approximation de la réalité. Le comportement de ces systèmes est décrit généralement par des équations différentielles ordinaires (EDO). Or, toute dynamique de l'état d'un système depend au

3

moins d'une partie de l'histoire de ce système. Dans ce cas là, on parle des systèmes à retard.

Ce retard conduit à de mauvaises performances en boucle fermée. Dans le contexte de stabilisation de système à retard sur l'état plusieurs méthodes ont été proposées pour améliorer ces performances.

Parmi ces techniques, la commande à régime glissant est un cas particulier des systèmes à structure variable (SSV). L'idée de base de cette théorie est de contraindre les trajectoires du système à atteindre et rester au voisinage d'une hypersurface appelée surface de glissement.

Parmi les problèmes de synthèse de la commande à régime glissant, on peut citer, le choix des coefficients de la fonction glissement c'est à dire le comportement du système en régime glissant, et celui de la fixation du gain de la composante discontinue de la commande [22, 23].

Ce chapitre présente, en premier temps, une étude bibliographique sur les systèmes à retard sur l'état. En deuxième temps, on a traité le principe de la commande à régime glissant en temps discret.

I.2   Généralités sur les systèmes à retard

Le retard est un phénomène inévitable dans la boucle de commande. Même si le processus à commander ne contient pas de retard intrinsèque, bien souvent des retards apparaissent dans la boucle de commande par l'intermédiaire des temps de réaction des capteurs ou des actionneurs (1), des temps de transmissions des informations (2) ou des temps de calculs (3) (cf. I.1).

Dans plusieurs applications, ces retards peuvent être négligés lors de la synthèse de la commande, mais lorsque leur taille devient significative au regard des performances temporelles du système (dynamiques en boucle ouverte et en boucle fermée) il n'est plus possible de les ignorer.

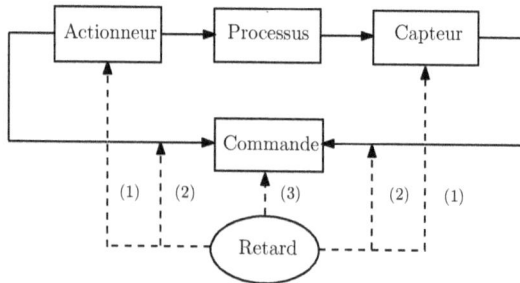

Figure I.1 – Illustration de la provenance des retards dans une boucle de contrôle.

I.2.1   Représentation des systèmes discrets à retard

Dans la littérature, il existe plusieurs types de représentation de systèmes discrets à retard, à savoir la représentation d'état et la représentation d'entrée/sortie.

I.2.1.1 Représentation d'état

La dynamique des systèmes à retard ne dépend pas uniquement de la valeur du vecteur x exprimée à l'instant présent k mais aussi des valeurs passées de $x(k)$ prises sur un certain horizon temporel.

Ces systèmes sont décrits par des équations aux différences de la forme suivant :

$$\begin{cases} x(k+1) = Ax(k) + A_dx(k-d(k)) + Bu(k) + w(x(k), x(k-d(k)), k) \\ \quad + B_du(k-d(k)) + w(x(k), x(k-d(k)), k) \\ x(l) = \phi(l) \quad \forall l \in -d_M, ..., 0, \\ u(l) = \psi(l) \quad \forall l \in -d_M, ..., 0, \end{cases} \tag{I.1}$$

avec :

- $x(k) \in \Re^n$ est l'état du système,
- $u(k) \in \Re^m$ est la commande,
- $w \in \Re^n$ sont les perturbations extérieures et les erreurs de modélisation,
- A, A_d, B_d et B sont des matrices de dimensions appropriées avec $rang(B_d) = rang(B) = m$,
- $\phi(l)$ et $\psi(l)$ représentent la condition initiale.
- $d(k)$ est le retard qui peut être constant ou variable.

I.2.1.2 Représentation Entrée-Sortie

Les systèmes à retard peuvent être décrit par une représentation entrée-sortie sous la forme :

$$A(q^{-1})y(k) = q^{-d(k)}B(q^{-1})u(k) + w(k) \tag{I.2}$$

avec :

$$A(q^{-1}) = 1 + a_1q^{-1} + ... + a_{n_A}q^{-n_A}$$
$$B(q^{-1}) = b_1q^{-1} + ... + b_{n_B}q^{-n_B}$$
$$C(q^{-1}) = 1 + c_1q^{-1} + ... + c_{n_c}q^{-n_c}$$

où :
- $y(k)$ est la sortie du système,
- $u(k)$ est l'entrée du système,
- $w(k)$ est une séquence aléatoires de perturbations,
- $d(k)$ est le retard pur sur l'entrée du système.

I.2.2 Exemples de systèmes à retards sur l'état

Beaucoup d'installations et de procédés industriels possèdent des retards qui ne peuvent pas être ignorés. Dans cette section, on présente quelques exemples des systèmes physiques à retard sur l'état.

I.2.2.1 Modèle de coupe orthogonale (1 degré de liberté) [19]

Dans le processus de tournage, une pièce cylindrique à usiner tourne avec une vitesse angulaire constante, et l'outil génère une surface, en tant que la matière est enlevée. Toute vibration de l'outil est réfléchie sur cette surface, ce qui signifie que la force de coupe dépend de la position du bord d'outil de la révolution en cours, ainsi que le précédent, ce qui se reflète sur la surface. Ainsi, pour représenter un tel phénomène, les équations différentielles à retard ont été largement utilisés en tant que modèles pour la régénération des vibrations de la machine-outil. Le modèle de vibrations de l'outil, en supposant une coupe orthogonale de degrés de liberté égale à 1 représenté sur (I.2), peut être exprimé par [19] :

$$\ddot{x}(t) + 2\zeta w_n \dot{x} + (w_n^2 + \frac{k_c}{m})x(t) - \frac{k_c}{m}x(t-T)$$
$$= \frac{h_c}{8f_0 m}\left[(x(t) - x(t-T))^2 - \frac{5}{12f_0}(x(t) - x(t-T))^3\right] \tag{I.3}$$

Tel que :
- $x(t)$ est représente les coordonnées de la position de l'outil de bord et de retard.
- $T = \frac{2\pi}{\Omega}$ est la période de temps pour une révolution, où Ω étant la vitesse angulaire de la pièce a usiner
- k_c est la coefficient de coupe.
- f_0 est la vitesse nominale de coupe.
- w_n est la pulsation propre du système oscillant libre non amortie.
- ζ est le facteur relatif d'amortissement.

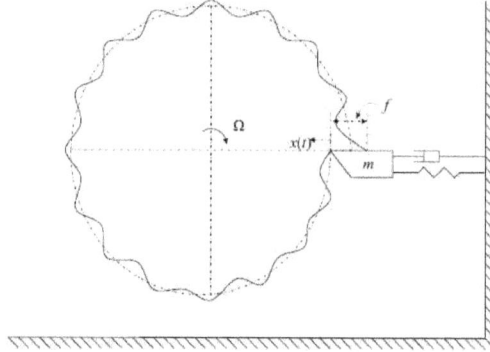

Figure I.2 – Modèle de coupe orthogonale (1dégré de liberté).

La valeur initiale $x(t)$ est choisie de telle sorte que la composante x de la force de coupe est en équilibre avec la raideur lorsque l'épaisseur de la puce, f, est à la valeur nominale f_0. Pour linéariser l'équation (I.3), on définit $x_1 \equiv x$ et $x_2 \equiv \dot{x}$, et en la réécrit sous la forme suivante :

$$\dot{x}_1 = x_2(t)$$
$$\dot{x}_2 = -2\zeta w_n x_2(t) - (w_n^2 + \frac{k_c}{m})x_1(t) - \frac{k_c}{m}x_1(t-T)$$
$$+ \frac{k_c}{8f_0 m}\left[(x_1(t) - x_1(t-T))^2 - \frac{5}{12f_0}(x_1(t) - x_1(t-T))^3\right] \tag{I.4}$$

A l'équilibre on a, $\dot{x}_1 = 0$ et $\dot{x}_2 = 0$. Donc l'équation (I.4) devient :

$$0 = x_2(t)$$
$$0 = -2\zeta w_n x_2(t) - (w_n^2 + \frac{k_c}{m})x_1(t) - \frac{k_c}{m}x_1(t-T)$$
$$+ \frac{k_c}{8f_0 m}\left[(x_1(t) - x_1(t-T))^2 - \frac{5}{12f_0}(x_1(t) - x_1(t-T))^3\right] \tag{I.5}$$

et si aucune vibration provenant de la transformation précédente est laissé, ensuite $x_1(t) = x_1(t-T) = 0$. Par conséquent, il peut être conclu que l'un des points d'équilibre est :

$$\bar{x}_1(t) = \bar{x}_1(t-T) = \bar{x}_2(t) = 0 \tag{I.6}$$

ce qui signifie que, à ce point d'équilibre, le tranchant de l'outil est dans la position zéro tel que défini précédemment. La linéarisation de l'équation (I.4) en utilisant une matrice Jacobienne évaluée au niveau du point d'équilibre donne :

$$\left\{ \begin{array}{c} \dot{x}_1(t) \\ \dot{x}_2(t) \end{array} \right\} = \left[\begin{array}{cc} \frac{\partial f}{\partial x_1(t)} & \frac{\partial f}{\partial x_2(t)} \\ \frac{\partial g}{\partial x_1(t)} & \frac{\partial g}{\partial x_2(t)} \end{array} \right]_0 \left\{ \begin{array}{c} x_1(t) \\ x_2(t) \end{array} \right\} + \left[\begin{array}{cc} \frac{\partial f}{\partial x_1(t-T)} & \frac{\partial f}{\partial x_2(t-T)} \\ \frac{\partial g}{\partial x_1(t-T)} & \frac{\partial g}{\partial x_2(t-T)} \end{array} \right]_0 \left\{ \begin{array}{c} x_1(t-T) \\ x_2(t-T) \end{array} \right\} \tag{I.7}$$

avec :

$$f = x_2(t)$$
$$g = -2\zeta w_n x_2(t) - (w_n^2 + \frac{k_c}{m})x_1(t) - \frac{k_c}{m}x_1(t-T)$$
$$+ \frac{k_c}{8f_0 m}\left[(x_1(t) - x_1(t-T))^2 - \frac{5}{12f_0}(x_1(t) - x_1(t-T))^3 \right]$$

Considérons le point dans l'équation d'équilibre (I.6), l'équation (I.7) devient :

$$\left\{ \begin{array}{c} \dot{x}_1(t) \\ \dot{x}_2(t) \end{array} \right\} = \left[\begin{array}{cc} 0 & 1 \\ -(w_n^2 + \frac{k_c}{m}) & -2\zeta w_n \end{array} \right] \left\{ \begin{array}{c} x_1(t) \\ x_2(t) \end{array} \right\} + \left[\begin{array}{cc} 0 & 0 \\ \frac{k_c}{m} & 0 \end{array} \right] \left\{ \begin{array}{c} x_1(t-T) \\ x_2(t-T) \end{array} \right\} \tag{I.8}$$

I.2.2.2 Moteur de Diesel

Un moteur diesel avec un dispositif de recirculation des gaz d'échappement (EGR) de soupape et un turbo-compresseur avec une turbine à géométrie variable (VGT) a été modélisé en [18] avec 3 variables d'état x_1, x_2 et x_3 où :
  - x_1 présente la pression du surface d'admission.
  - x_2 présente la pression de surface d'échappement.
  - x_3 présente la puissance du compresseur.

Le système est de la forme :

$$\dot{x}(t) = Ax(t) + A_d x(t-d) + Bu(t)$$

avec :

$$A = \left[\begin{array}{ccc} -27 & 3.6 & 6 \\ 9.6 & -12.5 & 0 \\ 0 & 9 & -5 \end{array} \right] \quad A_d = \left[\begin{array}{ccc} 0 & 0 & 0 \\ 21 & 0 & 0 \\ 0 & 0 & 0 \end{array} \right] \quad B = \left[\begin{array}{cc} 0.26 & 0 \\ -0.9 & -0.8 \\ 0 & 0.18 \end{array} \right]$$

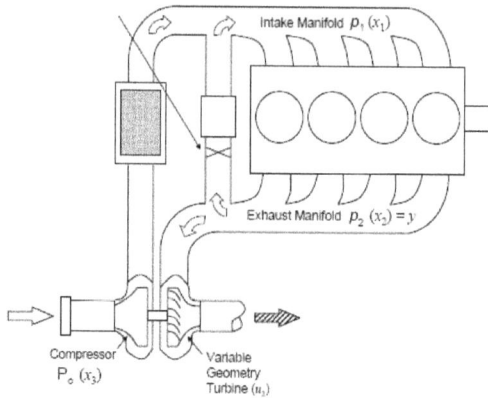

Figure I.3 – Schéma descriptif d'u Moteur Diesel.

I.2.2.3 Modèle de direction latérale d'un avion

On s'interesse à la conception de la commande de direction latérale d'un avion dans une configuration croisière-vol [4] :

$$
\begin{bmatrix} \dot{r} \\ \dot{\beta} \\ \dot{p} \\ \dot{\phi} \end{bmatrix} = \begin{bmatrix} -0.228 & 2.148 & -0.021 & 0 \\ -1 & -0.0869 & 0 & 0.0390 \\ 0.335 & -4.424 & -1.184 & 0 \\ 0 & 0 & 1 & 0 \end{bmatrix} \begin{bmatrix} r \\ \beta \\ p \\ \phi \end{bmatrix} + \begin{bmatrix} -1.169 & 0.065 \\ 0.0223 & 0 \\ 0.0547 & 2.12 \\ 0 & 0 \end{bmatrix} \begin{bmatrix} \delta_r \\ \delta_a \end{bmatrix}
$$

où l'équation de mouvement de la direction latéral contient un effet de retard :

$$
A_1 = \begin{bmatrix} 0 & 0 & -0.002 & 0 \\ 0 & 0 & 0 & 0.004 \\ 0.034 & -0.442 & 0 & 0 \\ 0 & 0 & 0 & 0 \end{bmatrix}
$$

où :

- r est la vitesse de lacet,
- β est l'angle de dérapage (de glissement),
- p est la vitesse de roulis,
- ϕ est l'angle de roulis,
- δ_r commande du gouvernail de direction,
- δ_a commande d'aileron.

I.2.3 Classification des systèmes à retard

Cette partie est dédiée à la présentation des différents types de systèmes à retard cités dans la littérature à savoir les systèmes retardés et neutres.

I.2.3.1 Les systèmes de type retardé

Les systèmes retardés sont définis par des équations aux différences fonctionnelles qui dépendent des valeurs passées et présentes du temps [29].
Ces systèmes sont décrits par :

$$\begin{cases} x(k+1) = f(k, x_k, u_k) \ \ k > k_0 \\ x_k = \phi(\theta) \ pour \ \theta \in [-d_M 0] \\ u_k = \psi(\theta) \ pour \ \theta \in [-d_M 0] \end{cases} \tag{I.9}$$

où $d_M > 0$ et les fonctions x_k et u_k sont définies par :

$$x_k : \begin{cases} [-d_M : 0] \to R^n \\ \theta \to x_k(\theta) = x(k + d_M) \end{cases} \tag{I.10}$$

$$u_k : \begin{cases} [-d_M : 0] \to R^n \\ \theta \to u_k(\theta) = u(k + d_M) \end{cases} \tag{I.11}$$

avec u_k, x_k présente respectivement l'entrée et l'état du système.

I.2.3.2 Les systèmes de type neutre

Les systèmes de type neutre se différencient des systèmes de type retardé par les arguments du champ de vecteur f. Ce dernier fait intervenir l'état x et l'état retardé aux instants k et $k + 1$ [29].
Ils sont décrits par des équations aux différences sous la forme suivante :

$$\begin{cases} x(k+1) = f(k, x_k, x_{k+1}, u_k) \\ x_k = \phi(\theta) \ pour \ \theta \in [-d_M \ \ 0] \\ u_k = \psi(\theta) \ pour \ \theta \in [-d_M \ \ 0] \end{cases} \tag{I.12}$$

où $d_M > 0$ et les fonctions x_k et u_k sont définies par :

$$x_k : \begin{cases} [-d_M : 0] \to R^n \\ \theta \to x_k(\theta) = x(k + \theta) \end{cases} \tag{I.13}$$

$$u_k : \begin{cases} [-d_M : 0] \to R^n \\ \theta \to u_k(\theta) = u(k + \theta) \end{cases} \tag{I.14}$$

Le terme x_{k+1} rend l'analyse de ces systèmes plus complexe.

I.2.3.3 Les systèmes non linéaires et non stationnaires

Afin de se rapprocher du comportement des processus réels, il est intéressant de proposer des modèles dont les paramètres peuvent varier au cours du temps et avec l'état [29]. Les modèles non linéaires autorisent un plus grand domaine d'analyse puisque leur validité ne se réduit pas à un voisinage du point d'équilibre ou de la trajectoire de référence. Ils permettent, après transformations, de considérer des fonctionnements plus globaux.
La différence avec les systèmes linéaires est que les matrices A_i, B_i, C_i deviennent des fonctions du temps et/ou de l'état et généralement continues (ou continues par morceaux) en leurs arguments [14].
Ils sont représentés par des équation de la forme :

$$\begin{cases} x(k+1) = A(k, x_k)x(k) + B(k, u_k)u(k) + A_d(k, x_k)x(k-d) + B_d(k, x_k)u(k-d) \\ y(k) = C(k, x_k)x(k) \end{cases}$$
$$\tag{I.15}$$

Afin de faciliter l'étude de ces systèmes, nous utiliserons deux types de modélisation sensiblement différentes. Le premier type est la modélisation polytopique qui consiste à exprimer les fonctions matricielles comme une somme pondérée de matrices constantes. Le second est la modélisation par systèmes à paramètres incertains.

Les systèmes polytopiques :

La modélisation polytopique transforme un système de la forme (I.14) en un système multimodèle, c'est-à-dire une somme de modèles linéaires pondérés de façon non constante. Ceci s'exprime de la manière suivante [14] :

$$\begin{cases} x(k+1) = \sum\limits_{i=0}^{r} \lambda_i(k, x_k)\{A_i x(k) + B_i u(k) + A_{d,i} x(k-d) + B_{d,i} u(k-d)\} \\ y(k) = \sum\limits_{i=0}^{r} \lambda_i(k, x_k)\{C_i x(k)\} \end{cases} \tag{I.16}$$

Où les fonctions scalaires $\lambda_i(k, x_k)$ sont des fonctions de pondération vérifiant les conditions de convexité :

$$\sum_{j=1}^{r} \lambda_j(k, x_k) = 1 \; et \; \lambda_j(k, x_k) > 0 \tag{I.17}$$

Cette modélisation va notamment permettre d'élaborer des conditions de stabilité exponentielle pour les systèmes à retard variable.

Les systèmes à paramètres incertains bornés en norme :

La modélisation par paramètres incertains considère que chaque fonction matricielle définissant le système (I.15) est la somme d'une matrice constante représentant le comportement nominal et d'une matrice dépendant de k et de x_k représentant les perturbations par rapport au système nominal. Il s'exprime alors de la manière suivante [14] :

$$\begin{cases} x(k+1) = (A + \Delta A(k, x_k))x(k) + (A_d + \Delta A_d(k, x_k))x(k-d) + (B + \Delta B(k, x_k))u(k) \\ \quad + (B_d + \Delta B_d(k, x_k))u(k-d) \\ y(k) = (C + \Delta C(k, x_k))x(k) \end{cases}$$

$$\tag{I.18}$$

où les matrices A, A_d, B, B_d et C sont des matrices constantes de dimension appropriées du système étudié. Les matrices $\Delta A(k, x_k)$, $\Delta B(k, x_k)$, $\Delta C(k, x_k)$, $\Delta A_d(k, x_k)$ et $\Delta B_d(k, x_k)$ représentent les incertitudes sur les paramètres du système.

I.2.4 Stabilité des systèmes discrets à retard sur l'état

Dans un premier temps, on va s'intéresser à quelques définitions liées à la stabilité des systèmes à retard. Ensuite la seconde méthode de Lyapunov avec les approches de Razumikhin et de Krasovskii est présentée.

I.2.4.1 Stabilité au sens de Lyapunov

L'objectif de cette partie est de définir les notions d'état d'équilibre, de point d'équilibre ainsi que les différents concepts de stabilité associés au cas des systèmes à retard. On considère, dans la suite, que les systèmes étudiés sont décrits sous la forme d'une équation d'état donnée par :

$$\begin{cases} x(k+1) = f(k, x_k, x(k)) \\ x(k) = \varphi(k) \ \forall \{k = -d_M, -d_M + 1, ..., 0\} \end{cases} \quad (I.19)$$

où
- $k \in Z, x(k) \in \Re$ le vecteur d'état,
- $f : R \times Z \to R^n$. $x_k \in ([-d_M : 0], R^n)$ est défini par

$$x_k(\theta) = x_k(\theta + 1) \ \forall \theta = -d_M, -d_M + 1, ..., 0$$

Définition 1 :
un système est dit en équilibre autour d'un point d'équilibre, si son état ne varie pas au cours du temps.

Définition 2 :
Soit n un entier naturel non nul.On dit que la fonction f est de classe C^n(ou n fois continûment dérivable) sur I si elle est n fois dérivable sur I et si la fonction $f^{(n)}$ est continue sur I.

Définition 3 :
$\|.\|$ est la norme euclidienne. pour un vecteur $(x_1, ..., x_n)$ la norme est donnée par :

$$\|x\| = \sum_{i=1}^{n} \sqrt{x_i^2} \ , \ \forall x_i \in R \quad (I.20)$$

Cette norme représente géométriquement la longueur du vecteur. pour une matrice quelconque A,elle est défini par :

$$\|A\| = \left[\lambda_{\max}(A^T A)\right]^{\frac{1}{2}} \quad (I.21)$$

où λ_{max} présente la plus grande valeur propre de la matrice considérée.
Soit x_e la solution unique du système (I.19) qu'on suppose un état d'équilibre ramené à l'origine ($x_e = 0 \in \Omega$, avec Ω est un voisinage de x_e).Rappelons les définitions de stabilité pour les systèmes à retard en temps discret.

Définition 4 :
L'origine de système (I.18) est :

- Stable à l'instant k_0, si pour un $\varepsilon > 0$, $\exists \delta = \delta(\varepsilon, k_0)$ telle que :

$$\|x_0\| < \delta \Rightarrow \|x(k)\| < \varepsilon \ \forall k \geq k_0 > 0. \quad (I.22)$$

- Uniformément Stable à l'instant k_0, si pour tout $\varepsilon > 0$, $\exists \delta = \delta(\varepsilon, k_0)$ telle que :

$$\|x_0\| < \delta \Rightarrow \|x(k)\| < \varepsilon \forall k \geq k_0 > 0. \quad (I.23)$$

- Convergent à l'instant k_0, s'il existe $\delta_1 = \delta_1(\varepsilon, k_0)$ telle que :

$$\|x_0\| < \delta_1 \Rightarrow \lim_{x \to +\infty} x(k) = 0. \quad (I.24)$$

– Uniformément Convergent pour l'instant k_0, si pour tout $\varepsilon_1 > 0$, $\exists M = M(\varepsilon_1)$ de telle sorte que :

$$\|x_0\| < \delta_1 \Rightarrow \|x(k)\| < \varepsilon_1 \ \forall k \geq k_0 + M. \tag{I.25}$$

– Asymptotiquement stable à l'instant k_0, s'il est stable et convergent .
– Uniformément Asymptotiquement stable à l'instant k_0, s'il est stable et uniformément convergent.

I.2.4.2 Stabilité des systèmes discrets à retard par la second méthode de lyapunov

La seconde méthode de Lyapunov appelée aussi, méthode directe, repose sur l'existence d'une fonction définie positive et localement lipchitzienne $V(x, k)$ qui doit vérifier certaines propriétés. Ci-dessous, on rappelle quelques définitions concernant les fonctions considérées.

Définition 5 :
Soit une fonction $V : \Re^n \times Z^+ \to \Re$ est dite :

– Semi définie-positive dans $D \subset R^n$ si seulement si $V(0, k) = 0 \ \forall k \geq 0$ et $V(0, k) \geq 0 \ \forall x \in D$.
– Définie-positive dans $D \subset \Re^n$ si $V(0, k) = 0 \ \forall k \geq 0$ et il existe une fonction définie positive $V_1(x)$ telle que

$$V_1(x) \leq V(x, k) \forall x \in D \forall k \tag{I.26}$$

– Décroissante dans $D \subset \Re^n$ s'il existe une fonction constante et définie positive $V_2(x)$

$$V(x, k) \leq V_2(x) \forall x \in D, \forall k \tag{I.27}$$

Théorème 1.1 :
Soit $V(x, k) : \Re^n \to \Re^+$ définie positive et soient α et β deux fonction croissantes de $\Re^+$ dans $\Re^+$ telle que :

$$\alpha(\|x\|) \leq V(x, k) \leq \beta(\|x\|) \ \forall x \in \Omega. \tag{I.28}$$

alors l'origine $x = 0$ du système (I.19) est stable au sens de lyapunov si et seulement si

$$\Delta V(x_k) \leq 0 \ \forall x(k) \in \Omega, x(k) \neq 0. \tag{I.29}$$

avec

$$\Delta V(x, k) = V(x, k+1) - V(x, k) = V(f(x, k)) - V(x, k). \tag{I.30}$$

et si de plus, on a $V(x, k)$ est décroissante alors l'origine est uniformément stable.

Cependant cette méthode présente dans le cas général un inconvénient majeur car on doit imposer des conditions sévères sur le système pour prouver que cette dérivée est négative puisqu'elle n'est plus une fonction ordinaire mais une fonctionnelle qui dépend de certaines valeurs passées de l'argument k. Pour cela deux extensions ont été développées dans ce cadre, la première réalisée par Krasovskii et qui conduit à l'utilisation des fonctionnelles. Son principal inconvénient est lié à la difficulté de la détermination de telles fonctionnelles permettant de démontrer la stabilité de la solution nulle du système. La deuxième est développée par Razumikhin qui a proposé d'utiliser des fonctions plutôt que des fonctionnelles.

Approche de Lyapunov-Krasovski :
L'approche de Krasovskii consiste à rechercher des fonctionnelles $V(x, k)$ qui sont décroissante le long des solutions de l'équation (I.19).

Théorème 1.2 :[32]
Soit $V(x, k) : \Re^n \to \Re^+$ définie positive et soient α et β deux fonctions croissantes de $\Re^+$ dans $\Re^+$ telle que :

$$0 \leq V(x, k) \leq \alpha(\|x_k\|^2) \, \forall x_k \neq 0, V(0) = 0 \tag{I.31}$$

$$\Delta V(x_k) = V(x_{k+1}) - V(x_k) \neq \beta \|x(k)\|^2 \tag{I.32}$$

et si de plus , on a $V(x, k)$ est décroissante alors l'origine est uniformément stable.

Approche de Lyapunov-Razumikhin : [14, 20]
Dans cette approche, on considère une fonction de Lyapunov $V(x, k)$ pour étudier la stabilité d'un système à retard. Le théorème proposé par Razumikhin dans [14, 20] montre qu'il est inutile de vérifier $V(x, k) < 0$ le long de toutes les trajectoires du système mais seulement pour les trajectoires de l'état qui ont "tendance" à s'éloigner du point d'équilibre.

I.3 Régime glissant en temps discret

L'implementation de la commande à régime glissant sur des procédés complexes présentent des avantages incontestables. C'est pour cela les chercheurs dans ce domaine ont proposé depuis des années 80 des versions discrètes de cette commande.

La synthèse de la loi de commande par mode glissant se décompose en trois parties principales :
– Choix de la surface de glissement.
– Détermination de la condition de convergence.
– Détermination de la loi de commande qui permet d'atteindre la surface et d'y demeurer.

I.3.1 Choix de surface de glissement

La détermination de la fonction de glissement est une étape très importante dans l'établissement de la loi de commande. Généralement, la fonction de glissement est choisie de type linéaire en fonction de l'état et décrite par :

$$S(k) = Cx(k) \tag{I.33}$$

Avec : $C \in \Re^{n \times m}$ et $x \in \Re^n$
Une nouvelle fonction de glissement a été proposée dite la fonction de glissement dynamique utilisée dans le cas des systèmes à retard, dépend des valeurs présents et passées

de l'état du système :

$$S(k) = Cx(k) + C_d x(k - d) \tag{I.34}$$

Avec : $C \in \Re^{n \times m}$, $C_d \in \Re^{n \times m}$, $x \in \Re^n$

Les différentes méthodes seront représentés dans *le chapitre 2*.

I.3.1.1 Condition de convergence

Dans le cas discret, on parle pas du mode glissant mais plutôt du régime quasi-glissant. Donc on dit qu'un système admet localement un régime quasi-glissant sur $S(k) = 0$ si et seulement si [28] :

$$[S(k + 1) - S(k)]\, S(k) < 0 \tag{I.35}$$

Ou bien on dit qu'un régime quasi-glissant convergeant existe sur $S(x(k)) = 0$ si et seulement si [31] :

$$|S(x(k + 1))S(x(k))| < S^2(x(k)) \tag{I.36}$$

Cette condition apparaît comme une discrétisation (en utilisant l'approximation d'Euler) de la condition d'attractivité dans le cas continu ($S(x)\dot{S}(x) < 0$).

I.3.2 Synthèse de la loi de commande

Pour la synthèse de la commande, on trouve deux méthodes essentielles à savoir la méthode de la commande équivalente et celle proposée par Gao [13], appelée la reaching law, qui est la discrétisation de la commande proposée par Sira-Ramirez [30] où la fonction de glissement est une solution d'une équation différentielle.

Considérons un système linéaire décrit dans l'espace d'état par :

$$x(k + 1) = A\, x(k) + B\, u(k) \tag{I.37}$$

où :

  − $x \in \Re^n$ présente l'état du système .
  − $u \in \Re^m$ est la commande.
  − $A \in \Re^{n \times n}$, $B \in \Re^{n \times m}$.

La fonction de glissement choisie de type linéaire est décrite par :

$$S(k) = Cx(k) \tag{I.38}$$

Avec $C \in \Re^n$ présente les coefficients de la fonction de glissement.

Pour synthétiser la loi de commande discrète à régime glissant $u(k)$, deux méthodes sont proposées :

  − *Méthode de la commande équivalente ou méthode d'Utkin :*

La commande équivalente discrète est, par définition, la commande permettant d'avoir un régime quasi-glissant idéal c'est à dire $S(k+1) = S(k) = 0$. Soit, pour le cas du système linéaire (I.37)

$$S(k+1) = Cx(k+1) = CA\,x(k) + C\,u_{eq}(k) \qquad (I.39)$$

Donc l'expression de la commande équivalente est :

$$u_{eq}(k) = -[CB]^{-1}CA\,x(k) \qquad (I.40)$$

La commande discrète à régime glissant est :

$$u(k) = u_{eq}(k) - k\,signe(S(k)) \qquad (I.41)$$

– **Reaching law :**

La synthèse de la commande s'effectue en supposant que la fonction de glissement est une solution de l'équation aux différences suivante :

$$S(k+1) = \varphi S(k) - M\,signe(S(k)) \qquad (I.42)$$

Or pour le cas d'un système linéaire, on obtient :

$$S(k+1) = Cx(k+1) = C(Ax(k) + B\,u(k)) = \varphi S(k) - M\,signe(S(k)) \qquad (I.43)$$

Donc l'expression de la commande est :

$$u(k) = (CB)^{-1}\left[\varphi S(k) - CAx(k) - M\,signe(S(k))\right] \qquad (I.44)$$

La composante continue de la commande (I.44) vérifie la condition du quasi-glissement :

$$|S(k+1)S(k)| = |(\varphi S(k))S(k)| = \left|\varphi S^2(k)\right|$$

Si $\varphi < 0$, la condition du quasi-glissement (I.36) est vérifiée.

Cependant, la commande à régime glissant en temps discret présente deux inconvénients [25] :
– L'amplification du phénomène de chattering (la fréquence de commutation est fixée par la période d'échantillonnage alors que dans le cas continu elle n'est pas fixée à l'avance).
– L'insensibilité vis à vis des variations de paramètres et des perturbations extérieurs qu'est assurée par le gain de la composante discontinue de la commande, en effet plus le gain est important plus le phénomène de réticence est amplifiée.
La version discrète de la commande á régime glissant semble plus sensible á la variation des paramètres et aux perturbations extérieures car la condition de glissement est vérifiée qu'à l'instant d'échantillonnage, alors que dans le cas continu, la condition de glissement est vérifiée á tout instants.

I.3.3 Phénomène de réticence

Un régime glissant idéal nécessite une commande pouvant commuter à une fréquence d'oscillation infinie. Cependant, dans les systèmes réels, il est impossible de réaliser une telle commutation de la commande, pour différentes raisons tel que le présence d'un retard de temps fini lors de calcul de la commande, les limitations des actionneurs etc... . Ainsi, durant le régime glissant, les discontinuités appliquées à la commande peuvent entraîner sur les composantes d'état du système un phénomène de réticence. Celui-ci se caractérise par de fortes oscillations due à l'imperfection des éléments de commutation ou des limites technologiques et physiques.

Donc, les deux principales raisons à l'origine de ce phénomène sont :
– Les retards de commutation au niveau de la commande.
– La présence de dynamiques 'parasites' négligées (non modélisées) en haute fréquence en série avec les systèmes commandés.

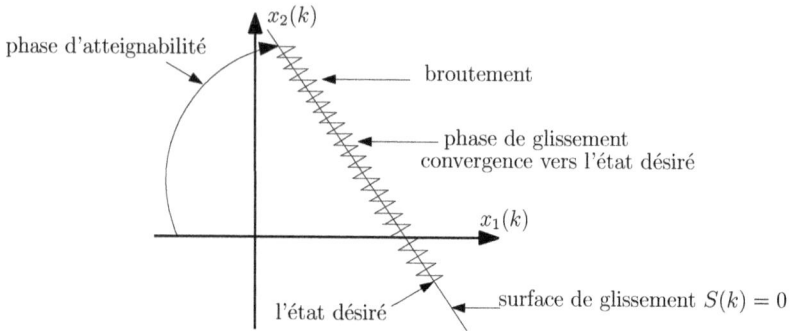

Figure I.4 – Schéma illustratif du phénomène de réticence.

Il a plusieurs effets indésirables sur la qualité de la commande et sur le système, il peut [15, 22, 34] :
– Dégrader les performances en boucle fermée à savoir la diminution de la précision et la stabilité.
– Produire une grande perte de chaleur dans les machines au niveau des circuits de puissance électrique.
– Une fatigue des parties mécanique mobile

Ce phénomène est considéré comme un obstacle réel pour l'application de la commande à structure variable. Pour remédier à cet inconvénient, plusieurs solutions ont été proposées dans la littérature afin de diminuer l'effet de ce phénomène [15, 22, 34].

I.4 Conclusion

Dans ce chapitre, une généralité sur les systèmes à retard a été présenté. On a donné quelques modèles de systèmes à retard et rappelé les notions et les définitions relatives à l'étude de la stabilité au sens de Lyapunov. Par la suite, on a traité la version discrète de la commande par régime glissant. L'inconvénient de cette méthode se manifeste dans la présence du phénomène de reticence (chattering). Parmi les problèmes rencontrés lors de la synthèse d'une commande à régime glissant, on peut citer celui relatif au choix des coefficients de la fonction de glissement qui sera l'objectif du chapitre suivant.

Chapitre II

Commande à régime glissant des systèmes discrets à retard sur l'état

Sommaire

II.1 Introduction

La commande à régime glissant est caractérisée par sa robustesse vis-à-vis des perturbations extérieures et des incertitudes paramétriques, etc...

L'idée de base de cette méthode est de contraindre les trajectoires du système à atteindre et rester au voisinage d'une hyper-surface appelée surface de glissement. Le choix des coefficients de la fonction de glissement se fait de telle sorte que le régime glissant soit atteint rapidement afin d'assurer la robustesse de la commande et le comportement désirée en boucle fermée. Pour cela, il y'a plusieurs méthodes pour calculer ces coefficients. On peut citer, par exemple, la méthode des inégalités matricielles linéaires (LMI's) [1], les méthodes de placements des pôles [22] ..., etc.

La technique de LMI's permet d'optimiser le choix des coefficients de la fonction de glissement. Le régime glissant est atteint rapidement ce qui rend la loi de commande plus robuste. Ceci relève donc d'un problème d'optimisation qui se traduit par la notion de stabilité indépendante de la taille du retard.

Dans ce chapitre, après un rappel sur les méthodes classiques pour déterminer les coefficients de la surface de glissement, on propose l'utilisation de la méthode de LMI's en vérifiant les conditions de stabilité du système en boucle fermée.

II.2   Système discret à retard - Cas d'une forme régulière

On considère le système discret à retard constant sur l'état suivant :

$$\begin{cases} z(k+1) = \tilde{A}z(k) + \tilde{A}_d z(k-d) + \tilde{B}u(k) \\ z(l) = \phi(l) \ \forall l \in \{-d, -d+1, ..., 0\} \\ y(k) = \tilde{F}z(k) \end{cases} \qquad \text{(II.1)}$$

avec :
  – $z(k) \in \Re^n$ représente l'état du système.
  – $u(k) \in \Re^m$ c'est la commande.
  – $\tilde{A}, \tilde{A}_d, \tilde{B}$ et $\tilde{F}$ sont des matrices de dimensions appropriées et $rang\tilde{B} = m$.
  – d présente le retard constant sur l'état du système étudié.
  – $\phi(k)$ présente la condition initiale.

Soit le vecteur $\tilde{B} = \begin{bmatrix} B_1 \\ B_2 \end{bmatrix}$ tel que B_2 est inversible, donc il existe une transformation linéaire non singulière [38] :

$$x = Mz = \begin{bmatrix} I_{n-m} & -B_1 B_2^{-1} \\ 0 & B_2^{-1} \end{bmatrix} \qquad \text{(II.2)}$$

On obtient :

$$\begin{cases} x(k+1) = Ax(k) + A_d x(k-d) + Bu(k) \\ y(k) = Fx(k) \end{cases} \qquad \text{(II.3)}$$

tel que : $A = M\tilde{A}M^{-1} = \begin{bmatrix} A_{11} & A_{12} \\ A_{21} & A_{22} \end{bmatrix}$; $A_d = M\tilde{A}_d M^{-1} = \begin{bmatrix} A_{d11} & A_{d12} \\ A_{d21} & A_{d22} \end{bmatrix}$;

$$B = M\tilde{B} = \begin{bmatrix} 0 \\ I_n \end{bmatrix} ; F = \tilde{F}M^{-1}$$

Hypothèses :
Pour la conception de la commande par mode glissant, on peut supposer que :

1. Toutes les variables d'état sont disponibles.

2. Le couple de matrice $(A + A_d, B)$ est controllable.

II.3 Synthèse de la commande à régime glissant

Soit le système discret à retard constant sur les états pris sous forme régulière [35, 36, 37, 38] :

$$\begin{cases} x_1(k+1) = A_{11}x_1(k) + A_{12}x_2(k) + A_{d11}x_1(k-d) \\ x_2(k+1) = A_{21}x_1(k) + A_{22}x_2(k) + A_{d21}x_1(k-d) + A_{d22}x_2(k-d) + B_2u(k) \\ x(l) = \phi(l) \ \forall l \in \{-d,...,0\} \end{cases} \quad \text{(II.4)}$$

où :
- $x_1(k) \in \Re^{n-m}$, $x_2(k) \in \Re^m$, $x(k) = (x_1, x_2)^T$ c'est le vecteur d'état.
- $u(k) \in \Re^m$ la commande
- A_{11}, A_{12}, A_{d11}, A_{21}, A_{22}, A_{d21}, A_{d22} et B_2 sont des matrices de dimensions appropriées.
- d est le retard constant sur l'état.
- $\phi(k)$ présente la condition initiale du système .

La fonction de glissement de ce système est prise linéaire sous la forme suivante :

$$S(k) = \bar{C}x(k) = Cx_1(k) + x_2(k) \quad \text{(II.5)}$$

avec $\bar{C} = [C \ I] \in \Re^{m \times n}$ est un vecteur de coefficients assurant la stabilité globale du système en boucle fermée.

A l'instant $k + 1$, on a :

$$S(k+1) = \bar{C}x(k+1) = Cx_1(k+1) + x_2(k+1) \quad \text{(II.6)}$$

Remplaçant l'expression de $x_1(k+1)$ du système (II.4), on obtient :

$$S(k+1) = C\left[A_{11}x_1(k) + A_{12}x_2(k) + A_{d11}x_1(k-d)\right] + A_{21}x_1(k) + A_{d21}x_1(k-d) \\ + A_{d22}x_2(k-d) + B_2u(k) \quad \text{(II.7)}$$

La loi de commande qui vérifie l'équation caractérisant la phase d'atteignabilité :

$$S(k+1) = \varphi S(k) - M sign(S(k)) \quad \text{(II.8)}$$

En utilisant l'équation (II.7), on obtient :

$$C\left[A_{11}x_1(k) + A_{12}x_2(k) + A_{d11}x_1(k-d)\right] + A_{21}x_1(k) + A_{d21}x_1(k-d) + A_{d22}x_2(k-d) + B_2u(k) \\ = \varphi S(k) - M sign(S(k)) \quad \text{(II.9)}$$

Alors la loi de commande s'écrit sous la forme suivante :

$$u(k) = -(B_2)^{-1} \begin{bmatrix} C(A_{11}x_1(k) + A_{12}x_2(k) + A_{d11}x_1(k-d)) \\ -\varphi S(k) + M sign(S(k)) - (A_{21}x_1(k) + A_{22}x_2(k) \\ + A_{d21}x_1(k-d) + A_{d22}x_2(k-d)) \end{bmatrix} \quad \text{(II.10)}$$

avec B_2 est un matrice non singulière .

II.4 Choix de la fonction de glissement

II.4.1 Rappel sur les méthodes classiques

On considère un système mis sous forme canonique décrit par l'équation suivante :

$$\begin{cases} x_1(k+1) = A_{11}x_1(k) + A_{12}x_2(k) \\ x_2(k+1) = A_{21}x_1(k) + A_{22}x_2(k) + B_2u(k) \end{cases} \tag{II.11}$$

Il s'agit de déterminer la fonction de glissement prise sous la forme linéaire [22] :

$$S(k) = \sum_{i=1}^{n} c_i x_i(k) \tag{II.12}$$

où c_i sont les coefficients de la fonction glissement.

Pour notre système la fonction de glissement est définie par :

$$S(k) = \bar{C}x(k) = c_1 x_1(k) + c_2 x_2(k)$$

avec $\bar{C} = [c_1 \quad c_2]$, $c_1 \in \Re^{m \times n-m}$ et $c_2 \in \Re^{m \times m}$.

En régime glissante on a $S(k) = 0$, donc on obtient :

$$x_2(k) = -\frac{c_1}{c_2}x_1(k) = Kx_1(k)$$

où $K \in \Re^{m \times n-m}$.

Remplaçant cette dernière équation dans (II.11), on obtient :

$$x_1(k+1) = (A + BK)x_1(k) \tag{II.13}$$

La synthèse d'une commande à mode de glissement se traduit donc par la détermination d'une matrice de retour d'état K qui stabilise le système réduit (II.13).

Plusieurs méthodes sont disponibles pour la détermination des constantes c_i :
- **Méthode de Lyapunov :**
  Selon cette méthode, la fonction de glissement est donnée par [7] :

$$S(x,k) = -\bar{B}^T Px(k) = \bar{C}x(k) \tag{II.14}$$

où P est une matrice symétrique définie positive solution de l'équation de Lyapunov suivante :

$$\bar{A}^T P + P\bar{A} = -Q$$

avec Q est une matrice symétrique semi-définie positive. Le calcul de P entraîne la détermination de $\bar{C}$.

La méthode de Lyapunov permet la détermination des coefficients de la surface de glissement. De plus, elle aboutit à des relations relativement faciles à exploiter pour déterminer ces coefficients. Cependant, on obtient, en général, un comportement dynamique assez mauvais. Par conséquent, cette méthode ne se prête pas bien pour la détermination des coefficients de la surface de glissement.

– **Principe d'optimisation de Pontryagin**

On considère le système linéaire décrit par l'équation (II.4) :
Selon Pontryagin, la fonction de glissement est [7] :

$$S(x) = \bar{B}^T \psi$$

où $\psi = -Px(k)$.

Par la suite, la fonction de glissement devient :

$$S(x,k) = -\bar{B}^T Px(k) = \bar{C}x(k)$$

On peut déterminer $\bar{C}$ en utilisant P qui est la solution de l'équation de Riccatti modifiée suivante :

$$Q + AP + P\hat{A} + P\hat{B}P = 0$$

où
- $Q = Q^T > 0$,
- $\hat{A} = \bar{A} + (\bar{B}^T Q \bar{B})^{-1} \bar{B}\bar{B}^T (\bar{A}^T Q - Q\bar{A})$,
- $\hat{B} = (\bar{B}^T Q \bar{B})^{-1} \bar{B}\bar{B}^T (\bar{A}^T)^2$

où $\bar{A}, \bar{B}$ sont respectivement la matrice d'état et la matrice de commande du système après transformation.

L'idée de base de cette optimisation est de définir une surface de glissement, par contre, il conduit à des relations qui ne sont pas faciles à exploiter pour la détermination des coefficients de glissement. Ainsi, les développements ont conduit à une équation de Riccati modifiée pour laquelle il n'existe pas des programme de résolution. De plus, il faut résoudre un système d'équations non linéaires pour obtenir les valeurs des coefficients de la surface de glissement. Par conséquent, cette méthode ne se prête pas bien non plus au dimensionnement de la surface de glissement.

– **Théorie de l'hyperstabilité :**

La synthèse de la surface de glissement par la théorie de l'hyper-stabilité fournit les mêmes résultats que l'on obtient avec la méthode de Lyapunov c'est à dire qu'on trouve, en général, un comportement dynamique assez mauvais [7].

– **Méthode de placement des pôles**

√ *Détermination des coefficients de la surface de glissement à l'aide de la forme canonique de réglage [7].*

On considère le système (II.11), la surface de glissement est alors :

$$S(x,k) = -k^T x(k) = \bar{C}x(k)$$

L'équation caractéristique de système en mode glissant est :

$$P(q^{-1}) = q^{-n} + \alpha_{n-1}q^{n-1} + \alpha_{n-2}q^{n-2} + ... + \alpha_1 q^{-1} + \alpha_0 = 0$$

Les coefficients $\alpha_i (i \in [n-10]$ en relation avec les pôles imposés selon :

$$P(q) = (q - q_1)(q - q_2)...(q - q_n)$$

Pour choisir les pôles, on peut faire les considération suivantes :

- Un des n pôles p_i doit être forcément imposé à l'origine.

- Les autres $(n-1)$ pôles peuvent être choisis arbitrairement, mais il faut que ces pôles possèdent une valeur réelle négative pour garantir la stabilité de système en mode de glissement.

$$k^T = [k_1 \, k_2 \, ... \, k_n]$$

$$k_i = \alpha_i k_n ; i \in [1 \, n-2]$$

où k_n est un choix arbitraire, par exemple, on peut prendre $k_n = 1$. Enfin on peut déterminer $\bar{C}$ à partir de k.

$\sqrt{}$ *Détermination des coefficients de la surface de glissement sans forme canonique de réglage :*
Pour cette méthode, la surface de glissement est décrite par :

$$k^T = k_n \begin{bmatrix} \alpha^T & 1 \end{bmatrix}$$

où $\alpha^T = [\alpha_1, \alpha_1, ..., \alpha_{n-1}]$,qui réunit les coefficients α_i de l'équation caractéristique.k_n peut être choisi librement.

Les méthodes classique ne donnent pas des bonnes résultats dans le cas des systèmes à retard sur l'états.
Dans les littérature des nouvelles techniques ont été proposé pour optimiser le choix de fonction de glissement, on peut citer la LMI .

II.4.2 Synthèse de la surface de glissement à l'aide des LMIs indépendant de retard

Considérons un système discret à retard sur l'état sous la forme [35, 37, 38] :

$$\begin{cases} x_1(k+1) = A_{11}x_1(k) + A_{12}x_2(k) + A_{d11}x_1(k-d) \\ x_2(k+1) = A_{21}x_1(k) + A_{22}x_2(k) + A_{d21}x_1(k-d) + A_{d22}x_2(k-d) + B_2u(k) \\ x(l) = \phi(l) \quad l \in \{-d, -d+1, ..., 0\} \end{cases} \quad \text{(II.15)}$$

avec $x(k) = (x_1, x_2)^T$ représente le vecteur d'état du système, $u(k)$ la commande, d le retard constant sur l'état et $\phi(l)$ présente la condition initiale

II.4.2.1 Cas d'une fonction de glissement classique

Pour le système discret à retard (II.15), la fonction de glissement est décrite comme suit [22, 24] :

$$S(k) = \bar{C}x(k) = Cx_1(k) + x_2(k) \quad \text{(II.16)}$$

où $C \in \Re^{n-m}$ doit être pour assurer la stabilité globale du système en boucle fermée.
En mode de glissement, $S(k) = 0$, donc l'équation (II.16) :

$$x_2(k) = -Cx_1(k) \quad \text{(II.17)}$$

En remplaçant (II.17) dans (II.15) on obtient :

$$x_1(k+1) = A_{11}x_1(k) + A_{12}x_2(k) + A_{d11}x_1(k-d) = (A_{11} - A_{12}C)x_1(k) + (A_{d11} - A_{d12}C)x_1(k-d)$$

donc le système en boucle fermée a le même comportement que le système autonome suivant :

$$x_1(k+1) = \bar{A}_1 x_1(k) + \bar{A}_{d1} x_1(k-d) \tag{II.18}$$

où : $\bar{A}_1 = (A_{11} - A_{12}C)$ et $\bar{A}_{d1} = (A_{d11} - A_{d12}C)$

On peut trouver le gain C telle que la matrice $A_{11} - A_{12}C + A_{d11} - A_{d12}C$ est stable.

Théorème 1 [1]

le système réduit (II.18) est asymptotiquement stable s'il existe des matrices symétriques définies positives W, L et une matrice quelconque w_1 telle que la condition LMI suivante est réalisable [38] :

$$\begin{bmatrix} W - L & * & * \\ 0 & -W & * \\ A_{11}L + A_{12}w_1 & A_{d11}L + A_{d12}w_1 & -L \end{bmatrix} < 0 \tag{II.19}$$

tel que :
- $W = P^{-1}QP$
- $L = P^{-1}$
- $w_1 = -CL$

Donc la fonction de glissement est définie par :

$$S(x) = \bar{C}x(k) = -w_1(L^{-1})x_1(k) + x_2(k) \tag{II.20}$$

Exemple de simulation :
On considère le système à retard en temps continu sous la forme suivante [17] :

$$\begin{cases} \dot{x} = A_0 x(t) + A_1 x(t - \tau) + B_1 u(t) \\ y(t) = Cx(t) \end{cases} \tag{II.21}$$

la meilleure version d'approximation en temps discret du système (II.21) est :

$$\begin{cases} x(k+1) = Ax(k) + A_d x(k - d) + Bu(k) \\ y(k) = Cx(k) \\ x(l) = \phi(l) \ \ l \in \{-d, ..., 0\} \end{cases} \tag{II.22}$$

où :
- T_e est la période d'échantillonnage,
- $A = e^{A_0 T_e}$
- $A_d = \int_0^{T_e} e^{A_0(T_e - w)} A_1 dw$
- $B = \int_0^{T_e} e^{A_0(T_e - w)} B_1 dw$

Soit le système à retard en temps continu avec paramètres prélevés de [21] :

$$A_0 = \begin{bmatrix} 2 & 0 & 1 \\ 1.75 & 0.25 & 0.8 \\ -1 & 0 & 1 \end{bmatrix} \quad A_1 = \begin{bmatrix} -1 & 0 & 0 \\ -0.1 & 0.25 & 0.2 \\ -0.2 & 4 & 5 \end{bmatrix} \quad B_1 = \begin{bmatrix} 0 \\ 0 \\ 1 \end{bmatrix}$$

$$\tau = 0.9$$

Après discrétisation (pour $T_e = 0.1$ et $d = 9$), on obtient :

$$A = \begin{bmatrix} 1.215 & 0 & 0.115 \\ 0.1907 & 1.0253 & 0.0938 \\ -0.115 & 0 & 1.1 \end{bmatrix} \quad A_d = \begin{bmatrix} -0.111 & 0.02 & 0.025 \\ -0.0197 & 0.0413 & 0.0403 \\ -0.016 & 0.42 & 0.525 \end{bmatrix} \quad B = \begin{bmatrix} 0.005 \\ 0.004 \\ 0.105 \end{bmatrix}$$

La matrice de transformation M est donnée par :

$$M = \begin{bmatrix} I_{(2\times2)} & -B_1 inv(B_2) \\ 0_{(1\times2)} & inv(B_2) \end{bmatrix} = \begin{bmatrix} 1 & 0 & -0.0476 \\ 0 & 1 & -0.0381 \\ 0 & 0 & 9.5238 \end{bmatrix}$$

et le système (II.22) peut être réécrit sous la forme canonique suivante :

$$\begin{cases} x_1(k+1) = A_{11}x_1(k) + A_{12}x_2(k) + A_{d11}x_1(k-d) + A_{d12}x_1(k-d) \\ x_2(k+1) = A_{21}x_1(k) + A_{22}x_2(k) + A_{d21}x_1(k-d) + A_{d22}x_2(k-d) + B_2u(k) \\ x(l) = \phi(l) \ \forall l \in \{-d,...,0\} \end{cases}$$

$$A_{11} = \begin{bmatrix} 1.2205 & 0 \\ 0.1951 & 1.0253 \end{bmatrix} \ ; \ A_{d11} = \begin{bmatrix} -0.1102 & 0 \\ -0.0191 & 0.0253 \end{bmatrix} \ ; \ A_{12} = \begin{bmatrix} 0.0127 \\ 0.0105 \end{bmatrix}$$

$$A_{d12} = \begin{bmatrix} -0.0006 \\ 0.0021 \end{bmatrix} \ ; \ A_{21} = \begin{bmatrix} -1.0952 & 0 \end{bmatrix} \ ; \ A_{d21} = \begin{bmatrix} -0.1524 & 4 \end{bmatrix}$$

$$A_{33} = 1.0945 \ ; \ A_{d33} = 0.5402 \ ; \ B_2 = 1$$

on suppose que $A_{d12}x_1(k-d)$ est une perturbation sur l'état $x_1(k+1)$ donc le système devient :

$$\begin{cases} x_1(k+1) = A_{11}x_1(k) + A_{12}x_2(k) + A_{d11}x_1(k-d) + v(k) \\ x_2(k+1) = A_{21}x_1(k) + A_{22}x_2(k) + A_{d21}x_1(k-d) + A_{d22}x_2(k-d) + B_2u(k) \\ x(l) = \phi(l) \ \forall l \in \{-d,...,0\} \end{cases}$$

où $v(k) = A_{d12}x_1(k-d)$.

La résolution de LMI (II.19) dans la *Théorème 1* donne :

$$L = \begin{bmatrix} 94.1041 & 48.2167 \\ 48.2167 & 28.4903 \end{bmatrix} \quad W = P^{-1}QP = \begin{bmatrix} 13.082 & 8.7775 \\ 8.7775 & 6.145 \end{bmatrix} \quad w_1 = \begin{bmatrix} -2.8288 & -1.6019 \end{bmatrix}$$

Donc :

$$P = \begin{bmatrix} 0.08 & -0.1354 \\ -0.1354 & 0.2642 \end{bmatrix} \ et \ Q = \begin{bmatrix} 0.0083 & -0.0157 \\ -0.0157 & 0.0296 \end{bmatrix}$$

Par suite la fonction de glissement est :

$$S(x) = \bar{C}x(k) = -w_1(L^{-1})x_1(k) + x_2(k) = [9.4168 \quad 40.289]x_1(k) + x_2(k)$$

- La condition initiale est $\phi = [-1; 0.5; 0]$ pour tout $k \in [-d, ..., 0]$,
- Les paramètres de la commande sont : le gain $M = 0.5$ et le coefficient $\varphi = 0.4$,
- le retard est pris constant $d = 9$.

La commande, appliquée au système precedent, est donnée par :

$$u(k) = -(B_2)^{-1} \begin{bmatrix} C(A_{11}x_1(k) + A_{12}x_2(k) + A_{d11}x_1(k-d)) \\ -\varphi S(k) + M sign(S(k)) - (A_{21}x_1(k) + A_{22}x_2(k) \\ +A_{d21}x_1(k-d) + A_{d22}x_2(k-d)) \end{bmatrix}$$

Les résultat de simulation sont donnés par les figure (II.1),(II.2), (II.3). Ces figures représentent respectivement l' évolution des états, la fonction de glissement et la commande.

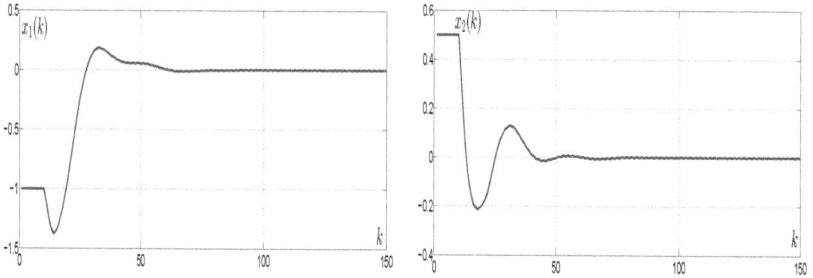

Figure II.1 – Évolution des états $x_1(k)$ et $x_2(k)$.

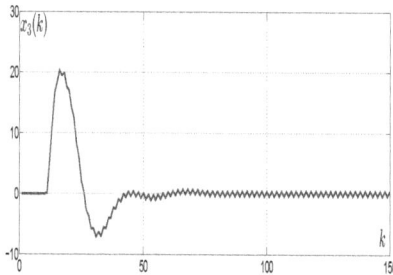

Figure II.2 – Évolution de la composante d'état $x_3(k)$.

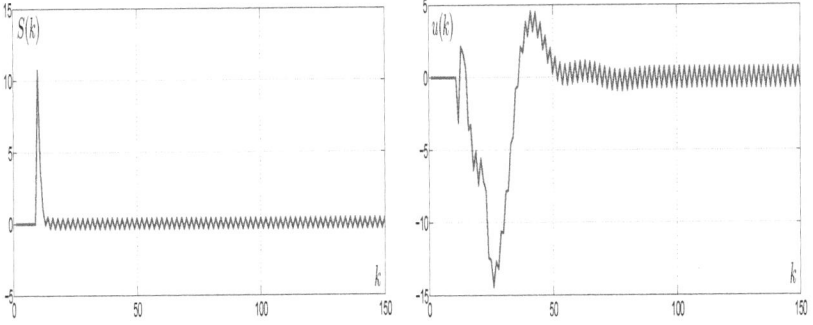

Figure II.3 – Évolution de la fonction de glissement $S(k)$ et la commande $U(k)$

On constate d'après les résultats de simulation que les états convergent vers 0 en un temps fini. Cependant, il y'a une présence des oscillations sur la commande.

Dans le but d'améliorer les performances du système en boucle fermée, on propose l'utilisation de la nouvelle surface dite surface dynamique [1].

II.4.2.2 Cas d'une surface dynamique

La fonction de glissement dynamique est de la forme suivante :

$$S(k) = Cx_1(k) + x_2(k) + C_d x_1(k - d) \tag{II.23}$$

où C et C_d sont des vecteurs représentant la dynamique désirée en boucle fermée.

Sur la surface de glissement $S(k) = 0$, on aura :

$$x_2(k) = -Cx_1(k) - C_d x_1(k - d) \tag{II.24}$$

Remplaçant (II.24) dans le système (II.11) :

$$x_1(k + 1) = (A_{11} - A_{12}C)x_1(k) + (A_{d11} - A_{d12}C_d)x_1(k - d)$$

Alors, on obtient, le système réduit :

$$x_1(k + 1) = \bar{A}_1 x_1(k) + \bar{A}_{d1} x_1(k - d) \tag{II.25}$$

où $\bar{A}_1 = (A_{11} - A_{12}C)$ et $\bar{A}_{d1} = (A_{d11} - A_{d12}C_d)$

D'après l'hypothèse (2), on peut calculer les gains C et C_d pour que la matrice $A_{11} - A_{12}C + A_{d11} - A_{d12}C_d$ sot stable.

A l'instant $k + 1$ la fonction de glissement II.23 devient :

$$S(k + 1) = \bar{C}x(k + 1) + C_d x(k - d + 1) = Cx_1(k + 1) + x_2(k + 1) + C_d x_1(k - d + 1) \tag{II.26}$$

Remplaçant l'expression de $x_1(k + 1)$ du système (II.4) :

$$S(k + 1) = C[A_{11}x_1(k) + A_{12}x_2(k) + A_{d11}x_1(k - d)] + C_d x_1(k - d + 1) + A_{21}x_1(k)$$
$$+ A_{d21}x_1(k - d) + A_{d22}x_2(k - d) + B_2 u(k) \tag{II.27}$$

27

L'équation caractérisant la phase d'atteignabilité est :

$$S(k+1) = \varphi S(k) - M\,sign(S(k)) \qquad (\text{II.28})$$

En utilisant l'équation(II.27), on obtient :

$$C\left[A_{11}x_1(k) + A_{12}x_2(k) + A_{d11}x_1(k-d)\right] + A_{21}x_1(k) + A_{d21}x_1(k-d) + A_{d22}x_2(k-d)$$
$$+C_d x_1(k-d+1) + B_2 u(k) = \varphi S(k) - M\,sign(S(k))$$

$$(\text{II.29})$$

Alors la loi de commande s'écrit sous la forme suivante :

$$\Rightarrow u(k) = -(B_2)^{-1}\begin{bmatrix} C(A_{11}x_1(k) + A_{12}x_2(k) + A_{d11}x_1(k-d)) \\ -\varphi S(k) + M\,sign(S(k)) - (A_{21}x_1(k) + A_{22}x_2(k) \\ +A_{d21}x_1(k-d) + A_{d22}x_2(k-d) + C_d x_1(k-d+1)) \end{bmatrix} \qquad (\text{II.30})$$

avec B_2 est un matrice non singulière .

Théorème 2 :
Le système réduit (II.25) est asymptotiquement stable s'il existe des matrices symétries définies positives P, Q et une matrice quelconque w_1 telle que la condition LMI suivante est réalisable [38] :

$$\begin{bmatrix} W-L & * & * \\ 0 & -W & * \\ A_{11}L + A_{12}w_1 & A_{d11}L + A_{12}w_2 & -L \end{bmatrix} < 0 \qquad (\text{II.31})$$

où :
- $W = P^{-1}QP$,
- $L = P^{-1}$,
- $w_1 = -CL$,
- $w_2 = -C_d L$.

Exemple de simulation :
On prend le même exemple que le cas classique :

$$\begin{cases} x_1(k+1) = A_{11}x_1(k) + A_{12}x_2(k) + A_{d11}x_1(k-d) + v(k) \\ x_2(k+1) = A_{21}x_1(k) + A_{22}x_2(k) + A_{d21}x_1(k-d) + A_{d22}x_2(k-d) + B_2 u(k) \\ x(l) = \phi(l) \; \forall l \in \{-d, ..., 0\} \end{cases}$$

où $v(k) = A_{d12}x_1(k-d)$.
et

$$A_{11} = \begin{bmatrix} 1.2205 & 0 \\ 0.1951 & 1.0253 \end{bmatrix} \; ; \; A_{d11} = \begin{bmatrix} -0.1102 & 0 \\ -0.0191 & 0.0253 \end{bmatrix} \; ; \; A_{12} = \begin{bmatrix} 0.0127 \\ 0.0105 \end{bmatrix}$$
$$A_{d12} = \begin{bmatrix} -0.0006 \\ 0.0021 \end{bmatrix} \; ; \; A_{21} = \begin{bmatrix} -1.0952 & 0 \end{bmatrix} \; ; \; A_{d21} = \begin{bmatrix} -0.1524 & 4 \end{bmatrix}$$
$$A_{33} = 1.0945 \; ; \; A_{d33} = 0.5402 \; ; \; B_2 = 1$$

La fonction de glissement est définie par :

$$S(x) = \bar{C}x(k) = -w_1(L^{-1})x_1(k) - w_2(L^{-1})x_1(k-d) + x_2(k)$$

- La condition initiale est $\phi = [-1; 0.5; 0]$ pour tout $k \in [-d, ..., 0]$,

– On prend le gain $M = 0.5$ et le coefficient $\varphi = 0.4$,
– le retard est pris constant $d = 9$.

La commande appliquée au système precedent est donnée par :

$$u(k) = -(B_2)^{-1} \begin{bmatrix} C(A_{11}x_1(k) + A_{12}x_2(k) + A_{d11}x_1(k-d)) \\ -\varphi S(k) + Msign(S(k)) - (A_{21}x_1(k) + A_{22}x_2(k) \\ +A_{d21}x_1(k-d) + A_{d22}x_2(k-d) + C_dx_1(k-d+1)) \end{bmatrix}$$

La résolution de LMI (II.31) donne :

$$L = 10^{-11} \times \begin{bmatrix} 0.1037 & 0.0779 \\ 0.0779 & 0.0667 \end{bmatrix}; \quad W = 10^{-9} \times \begin{bmatrix} 0.8793 & 0.6946 \\ 0.6946 & 0.5477 \end{bmatrix}$$

$$w_1 = 10^{-9} \times \begin{bmatrix} -0.9664 & -0.7827 \end{bmatrix} w_2 = 10^{-10} \times \begin{bmatrix} 0.3154 & 0.2228 \end{bmatrix}$$

Alors :

$$P = 10^{12} \times \begin{bmatrix} 0.7894 & -0.9219 \\ -0.9219 & 1.2265 \end{bmatrix} \ et \ Q = 10^{10} \times \begin{bmatrix} 2.8762 & 3.6664 \\ 3.6664 & 0.4258 \end{bmatrix}$$

Alors la surface de glissement est sous la forme :

$$S(k) = Cx_1(k) + x_2(k) + C_dx_1(k-d)$$

telle que :

$$C = \begin{bmatrix} 41.226 & 69.1107 \end{bmatrix} \quad C_d = \begin{bmatrix} -4.3580 & 1.75 \end{bmatrix}$$

Les résultats de simulation sont donnés par les figures (II.4), (II.5) et (II.6).

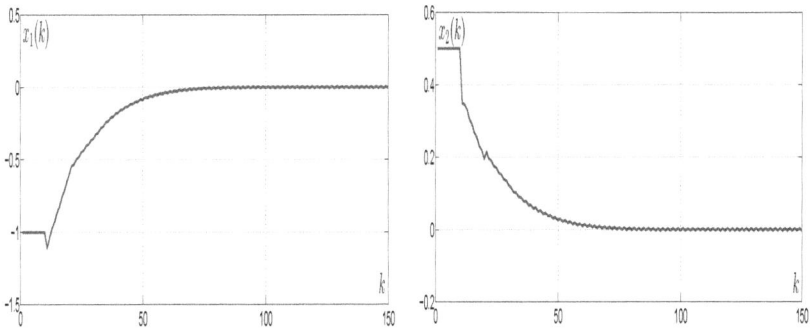

Figure II.4 – Evolution des composantes d'états $x_1(k)$ et $x_2(k)$.

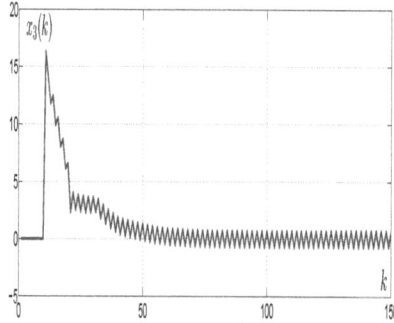

Figure II.5 – Évolution de la composante d'état $x_3(k)$.

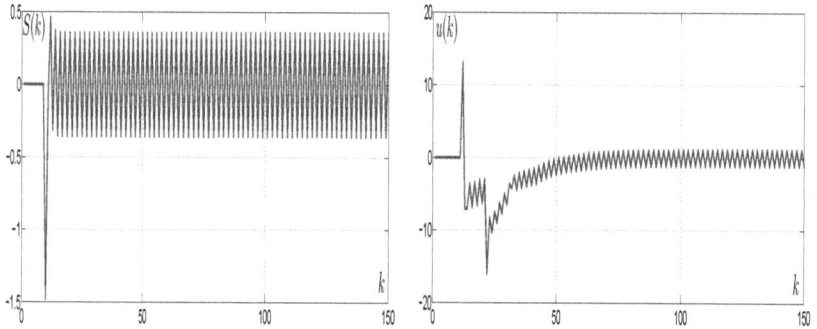

Figure II.6 – Évolution de la fonction de glissement $S(k)$ et de la commande $u(k)$

Les figures (II.4), (II.5) et (II.6) donnent les évolutions des états du système, la fonction de glissement et le signal de commande. Ces figures prouvent que la commande à régime glissant à l'aide de la fonction de glissement dynamique a pu améliorer considérablement les performances du système en boucle fermée (rapidité, stabilité).

II.5 Comparaison des résultats

Une étude comparative des différent résultats de simulation pour une surface de glissement classique et celle dynamique est effectuée ci-dessous.

On constate, d'après les résultats de simulation (II.7),(II.8)et (II.9), que l'utilisation de la surface de glissement dynamique dans la synthèse de la commande a amélioré les performances de systèmes en boucle fermée. Les états du système convergent en temps fini vers l'état désiré sans oscillations. En plus, il y'a une diminution de la durée de phase d'atteignabilité.

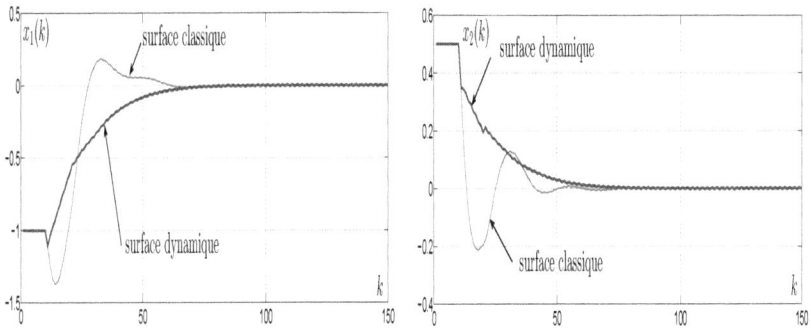

Figure II.7 – Évolution de $x_1(k)$ et $x_2(k)$.

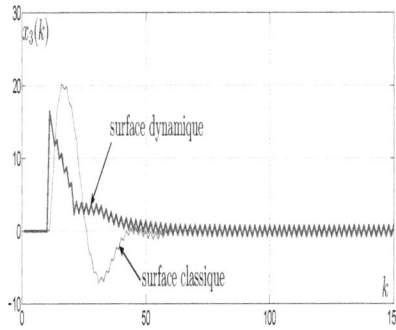

Figure II.8 – Evolution de la composante d'état $x_3(k)$.

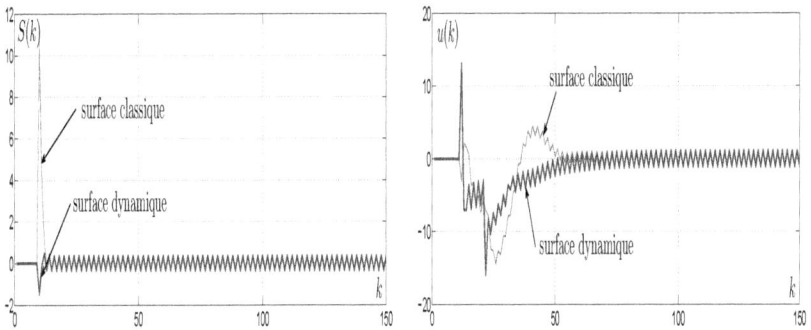

Figure II.9 – Évolution de la fonction de glissement $S(k)$ et de la commande $u(k)$.

31

II.6   Etude de robustesse

II.6.1   Description des systèmes

On considère la représentation d'état d'un système incertain sous la forme régulière rappelée ci-dessous :

$$\begin{cases} x_1(k+1) = (A_{11} + \Delta A_{11})\, x_1(k) + (A_{d11} + \Delta A_{d11})\, x_1(k-d) + (A_{12} + \Delta A_{12})\, x_2(k) \\ x_2(k+1) = (A_{21} + \Delta A_{21})\, x_1(k) + (A_{d21} + \Delta A_{d21})\, x_1(k-d) + (A_{22} + \Delta A_{22})\, x_2(k) \\ \qquad + (A_{d22} + \Delta A_{22})\, x_2(k-d) + B_2 u(k) \end{cases}$$

$$(II.32)$$

Avec :
- $x_1(k) \in \Re^{n-m}, x_1(k) \in \Re^m, x(k) = (x_1, x_2)^T$ représente le vecteur d'état du système.
- $u(k) \in \Re^m$ présente la commande
- $A_{11}, A_{d11}, A_{21}, A_d21, A_{22}$ et A_{d22} sont des matrices de dimensions appropriées.
- $\Delta A_{11}, \Delta A_{12}, \Delta A_{d11}, \Delta A_{22}, \Delta A_{d21}$ et ΔA_{d22} sont des matrices inconnues et variables dans le temps

$$A = \begin{bmatrix} A_{11} & A_{12} \\ A_{21} & A_{22} \end{bmatrix}, A_d = \begin{bmatrix} A_{d11} & 0 \\ A_{d21} & A_{d22} \end{bmatrix}$$

$$\Delta A_d = \begin{bmatrix} \Delta A_{d11} & 0 \\ \Delta A_{d21} & \Delta A_{d22} \end{bmatrix}, \Delta A = \begin{bmatrix} \Delta A_{11} & \Delta A_{12} \\ \Delta A_{21} & \Delta A_{22} \end{bmatrix}$$

On suppose que les variations paramétriques vérifiant la condition suivante [27, 38] :

$$[\Delta A_{11}\ \Delta A_{12}\ \Delta A_{d11}] = DG(k)\,[E_1\ E_2\ E_3]$$

avec D, E_1, E_2, E_3 sont des matrices réelles connus de dimensions appropriées.
$G(k)$ est une matrice variant dans le temps et vérifiant la condition $G(k)^T G(k) \leq I$ avec I est l'identité.

II.6.2   Synthèse de la surface de glissement

II.6.2.1   Cas d'une surface classique

Soit la surface de glissement sous la forme linéaire suivante :

$$S(k) = \bar{C}x(k) = Cx_1(k) + x_2(k)$$

$$(II.33)$$

où $\bar{C} \in \Re^{m \times n}$ et $C \in \Re^{m \times (n-m)}$ sont des vecteurs à construire qui assure la stabilité du système réduit en boucle fermée.
Sur la surface de glissement, on $S(k) = 0$

$$\begin{aligned} S(k) &= Cx_1(k) + x_2(k) = 0 \\ &\Rightarrow x_2(k) = -Cx_1(k) \end{aligned}$$

$$(II.34)$$

On remplace l'équation(II.34) dans le système (II.32), on aura :

$$x_1(k+1) = (A_{11} + \Delta A_{11})x_1(k) - (A_{12} + \Delta A_{12})Cx_1(k) + (A_{d11} + \Delta A_{d11})x_1(k-d)$$
$$= (A_{11} - A_{12}C + \Delta A_{11} - \Delta A_{12}C)x_1(k) + (A_{d11} + \Delta A_{d11})x_1(k-d)$$

Enfin, on le système réduit suivante :

$$x_1(k+1) = \bar{A}_1 x_1(k) + \bar{A}_{d1} x_1(k-d) \tag{II.35}$$

où :
- $\bar{A}_1 = (A_{11} - A_{12}C + \Delta A_{11} - \Delta A_{12}C)$
- $\bar{A}_{d1} = (A_{d11} + \Delta A_{d11})$

Théorème : Le système réduit (II.35) est asymptotiquement stable s'il existe des matrices symétriques définies positives P, Q et une matrice quelconque w_1 telle que la LMI suivante est faisable [3] :

$$\begin{bmatrix} W - L & * & * & * \\ 0 & -W & * & * \\ A_{11}L + A_{12}w_1 & A_{d11}L & \bar{L} & * \\ E_1L + E_2w_1 & E_3L & 0 & -\lambda I \end{bmatrix} < 0 \tag{II.36}$$

Avec :
- $L = -L + \lambda DD^T$
- $W = P^{-1}QP^{-1}$
- $L = P^{-1}$
- $w_1 = -CL$

II.6.3 Exemple de simulation

On considère le système linéaire incertain discret à retard constant sur l'état dont la dynamique est définie par :

$$\begin{cases} x_1(k+1) = (A_{11} + \Delta A_{11})\, x_1(k) + (A_{d11} + \Delta A_{d11})\, x_1(k-d) + (A_{12} + \Delta A_{12})\, x_2(k) \\ x_2(k+1) = (A_{21} + \Delta A_{21})\, x_1(k) + (A_{d21} + \Delta A_{d21})\, x_1(k-d) + (A_{22} + \Delta A_{22})\, x_2(k) \\ \quad + (A_{d22} + \Delta A_{22})\, x_2(k-d) + B_2 u(k) \end{cases} .$$

$$\tag{II.37}$$

$$A_{11} = \begin{bmatrix} 1.2205 & 0 \\ 0.1951 & 1.0253 \end{bmatrix} \; ; \; A_{d11} = \begin{bmatrix} -0.1102 & 0 \\ -0.0191 & 0.0253 \end{bmatrix} \; ; \; A_{12} = \begin{bmatrix} 0.0127 \\ 0.0105 \end{bmatrix}$$

$$A_{d12} = \begin{bmatrix} -0.0006 \\ 0.0021 \end{bmatrix} \; ; \; A_{21} = \begin{bmatrix} -1.0952 & 0 \end{bmatrix} \; ; \; A_{d21} = \begin{bmatrix} -0.1524 & 4 \end{bmatrix}$$

$$A_{33} = 1.0945 \; ; \; A_{d33} = 0.5402 \; ; \; B_2 = 1$$

- La condition intiale est $\phi(k) = [-1; 0.5; 0]$ pour tout $k \in [-d, ..., 0]$.
- On prend le gain $M = 0.5$ et le coefficient $\varphi = 0.4$
- le retard est pris constant $d = 9$
- les incertitudes sont prises de la forme suivante :

$$\Delta A = 0.1\, A\, sin(0.1k\pi)$$
$$\Delta A_d = 0.1\, A_d\, cos(0.1k\pi)$$

La commande appliquée au système (II.37 est donnée par :

$$u(k) = (CB)^{-1}\left[\varphi S(k) - CAx(k) - CA_d x(k-d) - M sign(S(k))\right] \qquad (II.38)$$

La résolution de la LMI (II.36) donne :

$$L = P^{-1} = 10^{-10} \times \begin{bmatrix} 0.6841 & 0.5381 \\ 0.5381 & 0.4276 \end{bmatrix} \quad W = P^{-1}QP^{-1} = 10^{-10} \times \begin{bmatrix} 0.6136 & 0.4849 \\ 0.4849 & 0.3873 \end{bmatrix}$$

$$\lambda = 4.3885 \times 10^{-13} \qquad w_1 = 10^{-8} \times \begin{bmatrix} -0.6368 & -0.5208 \end{bmatrix}$$

Alors :

$$P = 10^{12} \times \begin{bmatrix} 1.4284 & -1.7976 \\ -1.7976 & 2.2855 \end{bmatrix} \quad Q = 10^{12} \times \begin{bmatrix} 1.3247 & -1.6754 \\ -1.6754 & 2.1402 \end{bmatrix}$$

Le vecteur des coefficients de la fonction de glissement est donné par :

$$C = [20.4108 \quad 52.1646]$$

Alors la fonction de glissement est définie par :

$$S(k) = \bar{C}x(k) = Cx_1(k) + x_2(k)$$

Les résultats de simulations sont donnés sur les figures (II.10), (II.11) et (II.12). Ces figures représentent respectivement l'évolution des composants d'états, la fonction de glissement et la commande.

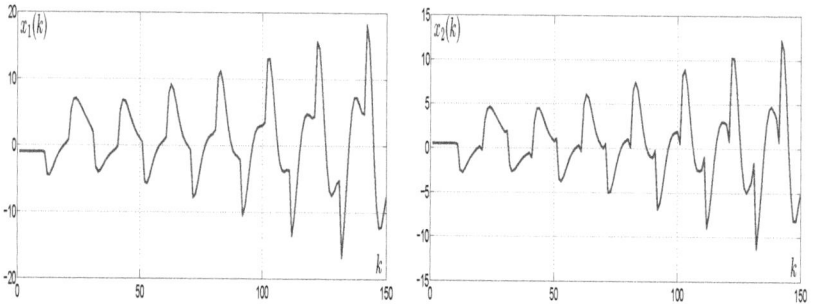

Figure II.10 – Évolution des états $x_1(k)$ et $x_2(k)$.

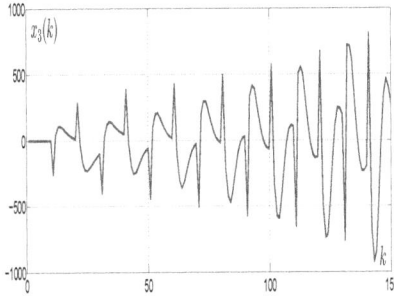

Figure II.11 – Évolution de la composante d'état $x_3(k)$.

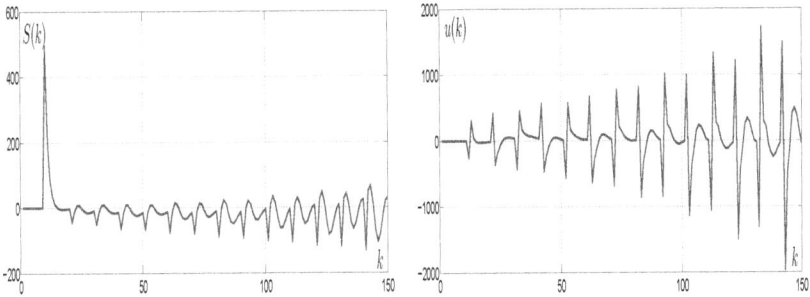

Figure II.12 – Évolution de la fonction de glissement $S(k)$ et de la commande $u(k)$.

II.6.3.1 Cas d'une surface dynamique

La surface de glissement dynamique, en discret, est de la forme suivante :

$$S(k) = Cx_1(k) + C_dx_1(k-d) + x_2(k) \tag{II.39}$$

où C_d et C sont des vecteurs de dimensions appropriées à construire qui assure la stabilité du système en boucle fermée.
Sur la surface de glissement, on a $S(k) = 0$

$$\begin{aligned} S(k) &= Cx_1(k) + C_dx_1(k-d) + x_2(k) = 0 \\ &\Rightarrow x_2(k) = -Cx_1(k) - C_dx_1(k-d) \end{aligned} \tag{II.40}$$

On remplace l'équation(II.40) dans le système (II.33), on aura :

$$\begin{aligned} x_1(k+1) &= (A_{11} + \Delta A_{11})x_1(k) - (A_{12} + \Delta A_{12})(Cx_1(k) - C_dx_1(k-d)) + (A_{d11} + \Delta A_{d11})x_1(k-d) \\ &= (A_{11} - A_{12}C + \Delta A_{11} - \Delta A_{12}C)x_1(k) + (A_{d11} + \Delta A_{d11} - A_{12}C_d - \Delta A_{12}C_d)x_1(k-d) \end{aligned}$$

Enfin, le système réduit suivant :

$$x_1(k+1) = \bar{A}_1 x_1(k) + \bar{A}_{d1} x_1(k-d) \tag{II.41}$$

où :

35

- $\bar{A}_1 = (A_{11} - A_{12}C + \Delta A_{11} - \Delta A_{12}C)$.
- $\bar{A}_{d1} = (A_{d11} + \Delta A_{d11}) - A_{12}C_d - \Delta A_{12}C_d$.

Théorème : Le système réduit (II.41) est asymptotique stablement s'il existe des matrices symétriques définies positives P, Q et une matrice quelconque w_1, et w_2 telle que la LMI suivante est faisable [3] :

$$\begin{bmatrix} W - L & * & * & * \\ 0 & -W & * & * \\ A_{11}L + A_{12}w_1 & A_{d11}L + A_{12}w_2 & \bar{L} & * \\ E_1L + E_2w_1 & E_3L + E_2w_2 & 0 & -\lambda I \end{bmatrix} < 0 \qquad (II.42)$$

Avec :
- $L = -L + \lambda DD^T$
- $W = P^{-1}QP^{-1}$
- $L = P^{-1}$
- $w_1 = -CL$
- $w_2 = -C_dL$

Le système réduit et libre (II.41) est asymptotiquement stable et la fonction de glissement est définie par :

$$S(k) = Cx_1(k) + C_dx_1(k-d) + x_2(k) = -w_1(L^{-1})x_1(k) - -w_2(L^{-1})x_1(k-d) + x_2(k) \quad (II.43)$$

II.6.3.2 Exemple de simulation :

On considére le système linèaire incertain discret à retard constant sur l'état dont la dynamique est définie par :

$$\begin{cases} x_1(k+1) = (A_{11} + \Delta A_{11})\,x_1(k) + (A_{d11} + \Delta A_{d11})\,x_1(k-d) + (A_{12} + \Delta A_{12})\,x_2(k) \\ x_2(k+1) = (A_{21} + \Delta A_{21})\,x_1(k) + (A_{d21} + \Delta A_{d21})\,x_1(k-d) + (A_{22} + \Delta A_{22})\,x_2(k) \\ \quad + (A_{d22} + \Delta A_{22})\,x_2(k-d) + B_2u(k) \end{cases} \quad .$$

$$\tag{II.44}$$

$$A_{11} = \begin{bmatrix} 1.2205 & 0 \\ 0.1951 & 1.0253 \end{bmatrix} \;;\; A_{d11} = \begin{bmatrix} -0.1102 & 0 \\ -0.0191 & 0.0253 \end{bmatrix} \;;\; A_{12} = \begin{bmatrix} 0.0127 \\ 0.0105 \end{bmatrix}$$

$$A_{d12} = \begin{bmatrix} -0.0006 \\ 0.0021 \end{bmatrix} \;;\; A_{21} = \begin{bmatrix} -1.0952 & 0 \end{bmatrix} \;;\; A_{d21} = \begin{bmatrix} -0.1524 & 4 \end{bmatrix}$$

$$A_{33} = 1.0945 \;;\; A_{d33} = 0.5402 \;;\; B_2 = 1$$

- La condition initiale est $\phi(k) = [-1; 0.5; 0]$ pour tout $k \in [-d, ..., 0]$.
- On prend le gain $M = 0.5$ et le coefficient $\varphi = 0.4$
- le retard est pris constant $d = 9$
- les incertitudes sont prises de la forme suivante :

$$\Delta A = 0.1\,A\,sin(0.1k\pi)$$
$$\Delta A_d = 0.1\,A_d\,cos(0.1k\pi)$$

La commande appliquée sur le système (II.44), est définie par :

$$u(k) = (CB)^{-1}\left[\varphi S(k) - CAx(k) - CA_dx(k-d) - C_dx(k-d+1) - Msign(S(k))\right]$$

$$\tag{II.45}$$

La résolution de la LMI (II.41), donne :

$$L = P^{-1} = 10^{-9} \times \begin{bmatrix} 0.1212 & 0.0957 \\ 0.0957 & 0.0761 \end{bmatrix} \quad W = P^{-1}QP^{-1} = 10^{-9} \times \begin{bmatrix} 0.1086 & 0.086 \\ 0.086 & 0.0687 \end{bmatrix}$$

$$\lambda = 5 \times 10^{-12} \; ; w_1 = 10^{-7} \times \begin{bmatrix} -0.1154 & -0.0923 \end{bmatrix} \; ; w_2 = 10^{-8} \times \begin{bmatrix} -0.1539 & -0.122 \end{bmatrix}$$

Alors :

$$P = 10^{12} \times \begin{bmatrix} 1.2271 & -1.5433 \\ -1.5433 & 1.9541 \end{bmatrix} \quad Q = 10^{12} \times \begin{bmatrix} 1.5141 & -1.9116 \\ -1.9116 & 2.4253 \end{bmatrix}$$

La fonction de glissement est donnée par :

$$S(k) = Cx_1(k) + C_d x_1(k-d) + x_2(k) = \bar{C}x(k) + \bar{C}_d x(k-d)$$

où :

$$\bar{C} = [15.0754 \quad 59.8161 \quad 1] \quad \bar{C}_d = [-4.7015 \quad 1.5623 \quad 0]$$

Les résultats de simulations sont enregistrés sur les figures (II.13), (II.14) et (II.15). Ces figures présentent respectivement l'évolution des états, la fonction de glissement et la commande.

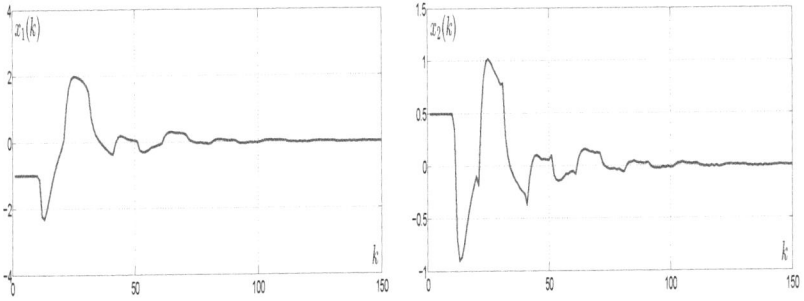

Figure II.13 – Évolution des états $x_1(k)$ et $x_2(k)$.

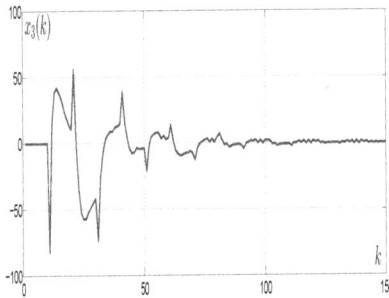

Figure II.14 – Évolution de la troisième composante d'état $x_3(k)$.

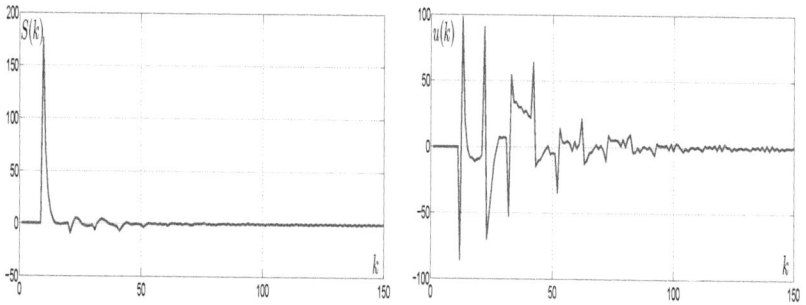

Figure II.15 – Évolution de la fonction de glissement $S(k)$.

II.6.4 Comparaison des résultats

Dans cette section, on présente une étude comparative entre les résultats de simulations obtenus avec la commande à régime glissant avec une surface de glissement classique et dynamique présentée ci-dessous :

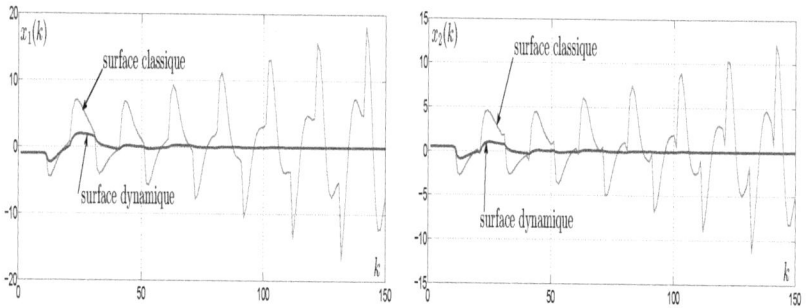

Figure II.16 – Évolution des états $x_1(k)$ et $x_2(k)$.

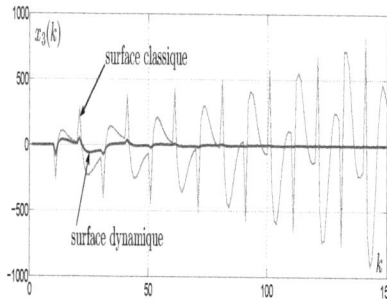

Figure II.17 – Évolution des états $x_3(k)$.

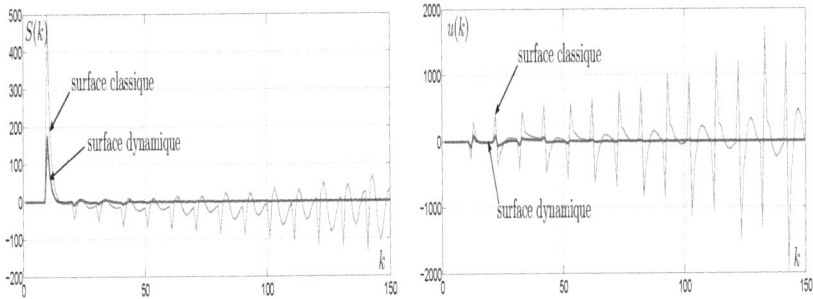

Figure II.18 – Évolution de la fonction de glissement $S(k)$.

Les figures (II.16), (II.17) et (II.18) donnent respectivement les évolutions des états, les fonction de glissements et les signaux de commande. D'après ces figures on constate que la commande à régime glissant d'ordre un développée en tenant compte des états retardés dans la surface de glissement a pu améliorer les performances du système en boucle fermée. Mais on remarque la présence des oscillations.

II.7 Conclusion

Dans ce chapitre, on a présenté la synthèse d'une commande à régime glissant pour les systèmes linéaire discrets à retard constant sur l'état. Une étude comparative entre l'utilisation de la surface classique et celle dynamique dans la commande est également élaborée dans ce chapitre. Les résultats des simulations obtenus montrent que la surface dynamique peut améliorer les performances de système en boucle fermée (rapidité, stabilité) et la robustesse vis-à-vis les variations paramétriques.

Chapitre III

Commande à régime glissant des systèmes multivariables à retard

Sommaire

III.1 Introduction

La technique de commande par mode glissant a reçu un intérêt sans cesse croissant en raison de sa simplicité et sa robustesse vis-à-vis des variations paramétriques et les perturbations extérieures. Mais le choix de coefficients de la fonction de glissement reste toujours un problème à résoudre. Dans la littérature, la méthode de placement des pôles est un outils très efficaces pour les systèmes multivariables non retardés [10]. Pour les systèmes discrets multivariables à retard sur l'état, cette méthode est inapplicable car ces systèmes sont de dimension infini. Dans ce chapitre, on présente une commande à régime

glissant pour les systèmes discrets multivariables à retard sur l'état. La détermination des coefficients de la surface de glissement pour ce type de système est effectuée par la technique de LMI's. Les résultats des simulations numériques sont présentés et interprétés.

III.2 Représentation des systèmes multivariables

Un système multivariables est un système ayant plusieurs entrées et plusieurs sorties. Un système multivariables à temps discret à m entrées, à p sorties et d'ordre n peut être représenté par la figure suivante :

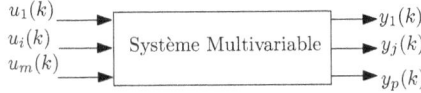

$$u_1(k), u_i(k), u_m(k) \longrightarrow \boxed{\text{Système Multivariable}} \longrightarrow y_1(k), y_j(k), y_p(k)$$

Figure III.1 – Représentation des systèmes multivariables.

Dans la littérature, on trouve les deux types de représentation des systèmes multivariables à retard à savoir la représentation d'état el la représentation entrée/sortie.

- **Représentation d'état :**
  La représentation d'état d'un système multivariable avec retard est décrit par la forme suivant :

$$\begin{cases} x(k+1) = Ax(k) + A_d x(k-d) + Bu(k) \\ y(k) = Cx(k) + Du(k) \end{cases} \tag{III.1}$$

  - $x(k) \in \Re^n$ est le vecteur d'état à l'instant k,
  - $u(k) \in \Re^m$ est le vecteur d'entrée à l'instant k,
  - $y(k) \in \Re^p$ est le vecteur de sortie à l'instant k,
  - A, B, C et D sont des matrices constantes ou dépendantes de k de dimensions appropriées.

- **Représentation entrée/sortie :**
  Les systèmes discrets multivariables à retard peuvent être décrit par une représentation entrée /sortie de la forme :

$$A(q^{-1})y(k) = q^{-d(k)}B(q^{-1})u(k) + w(k) \tag{III.2}$$

Avec :

$$A(q^{-1}) = 1 + a_1 q^{-1} + ... + a_{n_A} q^{-n_A}$$
$$B(q^{-1}) = b_1 q^{-1} + ... + b_{n_B} q^{-n_B}$$
$$C(q^{-1}) = 1 + c_1 q^{-1} + ... + c_{n_c} q^{-n_c}$$

et
- $y(k)$ est la sortie du système,
- $u(k)$ est l'entrée du système,
- $w(k)$ est une séquence aléatoires de perturbations,
- $d(k)$ est le retard pur sur l'entrée du système.

III.3 Condition de glissement et de quasi glissement

Soit le système dynamique suivant :

$$\begin{cases} \dot{x}(t) = f(x,t) + g(x,t)u(t) \\ y(t) = h(x,t) \end{cases} \tag{III.3}$$

Dans le cas d'un système ayant plusieurs entrées, on définit pour chaque entrée une surface de glissement. Dans notre cas, puisqu'on a m entrées, on définit m surfaces de glissement $S_i(x) = 0$.

La condition d'attractivité de la surface de glissement est définie comme suit [22, 34] :

$$S^T(x)\dot{S}(x) < 0 \tag{III.4}$$

Au cours des dernières années, il y a plusieurs versions de la condition de glissement qui sont proposées telle que :

$$S^T(x)\dot{S}(x) < \eta \|S(x)\| \tag{III.5}$$

où : η est un paramètre positif.

Dans le cas multi-entrée, la condition de glissement est alors :

$$\dot{S}_i(x)S_i(x) < 0 \quad \forall i = 1...m \tag{III.6}$$

Le glissement s'effectue alors sur la surface de glissement intersections des surfaces $S_i(x) = 0$.

$$S(x) = \{x / \bigcap_{i=1}^{m} S_i(x) = 0\} \tag{III.7}$$

En utilisant l'approximation d'Euler et à une période d'échantillonnage T_e la condition de glissement (II.7) devient :

$$[S(k+1) - S(k)] S^T(k) \leq -\eta T_e \|S(k)\| \tag{III.8}$$

Cette dernière condition assure un glissement autour de la surface de glissement qui donne la naissance au phénomène quasi-glissement. La condition précédente peut offrir aisément une loi de commande sans garantir la convergence globale vers le surface de glissement. Toutes fois, une entrée conduit à une séquence de la forme :

$$S(k) = [c_1...c_m]^T (-1)^k$$

avec $c_i (i \in [1...m])$ arbitrairement large, satisfait la condition (III.8). Par la suite, cette dernière n'impose pas une condition suffisante pour la convergence.

Dans littérature, il y a d'autres formes de la condition de glissement qui assurent la convergence de la trajectoire de phase vers la surface de glissement.

Loi de Sarpturk [28] :

$$|S_i(k+1)| < |S_i(k)| \tag{III.9}$$

Cette condition permet d'amener l'état à la surface de glissement et d'y assurer un mode quasi-glissant.

L'inégalité (II.10) peut être également formulée par :

$$\begin{cases} [S_i(k+1) - S_i(k)] \, sign(S_i(k)) < 0 \\ [S_i(k+1) - S_i(k)] \, sign(S_i(k)) > 0 \end{cases} \tag{III.10}$$

La première inégalité de (III.10) est identique à la loi discrétisée (III.5). Elle assure le mode quasi-glissant car le fait d'imposer une variation de $S_i(k)$ de signe opposé de la fonction de glissement revient à verifier à chaque itération la condition définie par le fait que la tangente à la trajectoire pointe tout le temps vers l'hyper-surface de glissement [34]. La deuxième inégalité de (III.10) assure la condition de convergence.

III.4   Détermination de la loi de commande

On consider le système à retard mono-variable décrit par (III.1) :

$$\begin{cases} x(k+1) = Ax(k) + A_d x(k-d) + Bu(k) \\ y(k) = Cx(k) + Du(k) \end{cases}$$

Pour ce système, on prend une fonction de glissement sous forme suivant :

$$S(k) = Cx(k) \tag{III.11}$$

à l'instant $k+1$, on a :

$$\begin{aligned} S(k+1) &= Cx(k+1) \\ S(k+1) &= C\left[Ax(k) + A_d x(k-d) + Bu(k)\right] \end{aligned} \tag{III.12}$$

En utilisant le loi d'atteignabilité, on peut écrire :

$$S(k+1) = (1 - qTe)S(k) - M'Te\, sign(S(k)) \tag{III.13}$$

$$[(1 - qT_e)]S(k) - M'T_e sign(S(k) = C\left[Ax(k) + A_d(k-d) + Bu(k)\right]$$

Finalement la commande à régime glissant est de la forme :

$$u(k) = -(CB)^{-1}\left[Ax(k) + A_d(k-d) - \varphi S(k) + sign(S(k))\right] \tag{III.14}$$

avec
- $\varphi = (1 - qT_e)$.
- $M = M'T_e$.

L'extension au cas des systèmes multivariables utilise la condition de glissement proposée par [13] pour les systèmes mono-entrée. En effet, pour un système à m entrées, on a :

$$S(k+1) = \phi S(k) - \begin{bmatrix} m_1 sign(S_1(k)) \\ m_2 sign(S_2(k)) \\ \vdots \\ m_m sign(S_m(k)) \end{bmatrix} \tag{III.15}$$

telle que :
- ϕ est une matrice diagonale de dimension (m, m).
- $0 \leq \phi_{i,i} < 1$.
- $m_i > 0$; $i \in [1...m]$.

$$- sign(S(k)) = \begin{cases} -1 & si \ S_i(k) < 0 \\ 1 & si \ S_i(k) > 0 \end{cases} \quad ; \ i \in [1...m].$$

On peut déterminer la commande à partir des équations (III.12)et (III.15) :

$$u(k) = -(CB)^{-1} \left[Ax(k) + A_d(k-d) - \phi S(k) + \begin{bmatrix} m_1 sign(S(k)) \\ \vdots \\ m_m sign(S(k)) \end{bmatrix} \right] \quad \text{(III.16)}$$

et la fonction de glissement reste dans une bande autour de la surface de glissement qui est définie par :

$$\{x_i(k) \ / \ -\mu_i < S_i(k) < +\mu_i \ ; \ i \in [1...m]\} \quad \text{(III.17)}$$

Avec $2\mu_i$ est la largeur de la bande :

$$2\mu_i > \frac{2m_i}{1 - \phi_{i,i}}$$

III.5 Choix des coefficients de la fonction de glissement

III.5.1 Méthode de placement des pôles

On consider le système multi-variable sous la forme linéaire suivante :

$$\begin{cases} x(k+1) = Ax(k) + Bu(k) \\ y(k) = Hx(k) + Du(k) \end{cases} \quad \text{(III.18)}$$

tel que :
- La paire (A, B) est commandable.
- La matrice B est de rang plein $(rang(B) = m)$.

En mode de glissant le système (III.18) devient :

$$x(k+1) = \left[I_n - B(CB)^{-1}C \right] Ax(k) \quad \text{(III.19)}$$

où I_n est de la matrice identité de dimension (n, n).

La matrice $\left[I_n - B(CB)^{-1}C \right] A$ admet des valeurs propres suivantes :

$$\left\{ \lambda_1, \lambda_2, ..., \lambda_{n-m}, \underbrace{0, 0, ..., 0}_{m \ fois} \right\} \quad \text{(III.20)}$$

Alors le système est stable si seulement si $|\lambda_i| < 1$; $1 \le i \le n - m$ On peut déterminer le gain de retour K en effectant les valeurs propres $\{\lambda_1, \lambda_2, ..., \lambda_n\}$ à la matrice $A - BK$, en utilisant la méthode de placement des pôles.

Pour construire la matrice C il faut que les conditions suivantes soient satisfaites :

- **Condition 1 :** Les matrices $A - BK$ et A n'ont pas des valeurs propres communs.

– **Condition 2 :** Le choix de valeurs propres de $A - BK$ est :

$$\left\{ \lambda_1, \lambda_2, ..., \lambda_{n-m}, \underbrace{\lambda, \lambda, ..., \lambda}_{m\,fois} \right\} \tag{III.21}$$

où : $\lambda \neq \lambda_i$, $\lambda = \beta - 1$, $1 \leq i \leq n - m$. de telle sorte le système en boucle fermée soit stable.

– **Condition 3 :** La matrice $A - BK$ est diagonalisable et possède m valeurs propres identique.

La condition 1 est nécessaire pour déterminer le gain de retour K par la méthode de placement des pôles. Bien que la valeurs propres λ n'appartient pas au spectre de A, la matrice $A - \lambda I_n$ est non singulière, donc $(A - \lambda I_n)^{-1}$ existe. La condition 2 est obligatoire pour verifier le *Théorème 1*.

Selon la condition 3, il existe une matrice D non singulière qui vérifie l'égalité suivant :

$$(A - BK)D = DP \tag{III.22}$$

Avec :

$$P = diag\left\{ \lambda_1, \lambda_2 ... \lambda_{n-m} \lambda ... \lambda \right\} et P \in R^{n \times n}$$

L'équation (III.22) est équivalent à :

$$(A - BK)D_{n-m} = D_{n-m}P_{n-m} \tag{III.23}$$

$$(A - BK)D_m = \lambda D_m \tag{III.24}$$

où :

– D_{n-m} et D_m sont respectivement les $(n - m)$ première colonnes et m dernières colonnes de D.

– $P = diag\left\{ \lambda_1\, \lambda_2 ... \lambda_{n-m} \right\}$

En utilisant les trois conditions, la matrice C peut être définit sous la forme :

$$C = K(A - \lambda I_n)^{-1} \tag{III.25}$$

Théorème 1 :

Soient $A \in \Re^{n \times n}$, $B \in \Re^{n \times m}$ et la paire (A, B) sont commandable. Si la matrice B est de rang plein, si la matrice C est égale à $K(A - \lambda I_n)^{-1}$ et si la matrice K vérifie les trois conditions, alors :

1 $CB = I_m$,

2 $CD_{n-m} = 0$,

3 Les valeurs propres de la matrice $\left[I_n - B(CB)^{-1}C\right] A$ sont :

$$\left\{ \lambda_1, \lambda_2, ..., \lambda_{n-m}, \underbrace{0, 0, ..., 0}_{m\,fois} \right\}.$$

Exemple de simulation

Conception de la commande de la direction latérale d' un avion :

On s'interesse à la conception de la commande de direction latérale d'un avion [4]. Le modèle discret est rappelé ci-dessous :

$$\begin{cases} x(k+1) = Ax(k) + A_d x(k-d) + Bu(k) \\ y(k) = Hx(k) + Du(k) \end{cases} \qquad \text{(III.26)}$$

Où H et D sont des matrices nulls de dimensions appropriées et les matrices

$$A = \begin{bmatrix} 0.9976 & 0.0215 & -0.0002 & 0 \\ -0.01 & 0.999 & 0 & 0.0004 \\ 0.0035 & -0.0439 & 0.9882 & 0 \\ 0 & -0.0002 & 0.0099 & 1 \end{bmatrix} \quad ; \quad A_d = \begin{bmatrix} -0.0005 & 0.006 & 0 & 0 \\ 0 & -0.0002 & 0 & 0 \\ -0.0386 & 0.5015 & 0.0006 & 0 \\ 0.0169 & -0.2201 & -0.0003 & 0 \end{bmatrix}$$

$$B = \begin{bmatrix} -0.0117 & 0.0006 \\ 0.0003 & 0 \\ 0.0005 & 0.0211 \\ 0 & 0.0001 \end{bmatrix}.$$

En supposant que $v(k) = A_d x(k-d)$ est une perturbation interne sur le système, alors

la représentation d'état (III.26) est réduite à :

$$x(k+1) = Ax(k) + Bu(k) + v(k)$$

En utilisant la méthode de placement des pôles (*Théorème 1*), on obtient les coefficients de la fonction de glissement $S(k)$ de la forme suivante :

$$S(k) = Cx_1(k) + x_2(k)$$

où

$$C = \begin{bmatrix} -85.4948 & 2.0593 & 2.6249 & 0.0135 \\ 2.1040 & -0.0229 & 47.3813 & 0.2374 \end{bmatrix}$$

- La condition initiale est $\phi(k) = [0.1; 0; 0; 0.1]$ pour tout $k \in [-d, ..., 0]$,
- On prend $M = 0.84$, $\phi_{1,1} = 0.4$ et $\phi_{2,2} = 0.4$,
- Le retard est pris constant $d = 4$.

La commande appliquée au système précédent est donnée par :

$$u(k) = -(CB)^{-1} \left[Ax(k) - \phi S(k) + \begin{bmatrix} m_1 sign(S(k)) \\ \vdots \\ m_m sign(S(k)) \end{bmatrix} \right]$$

Les résultat de simulations sont enregistrés sur les figures (III.2), (III.3), (III.4) et (III.5). Ces figures représentent respectivement l'évolution des états, la fonction de glissement et la commande.

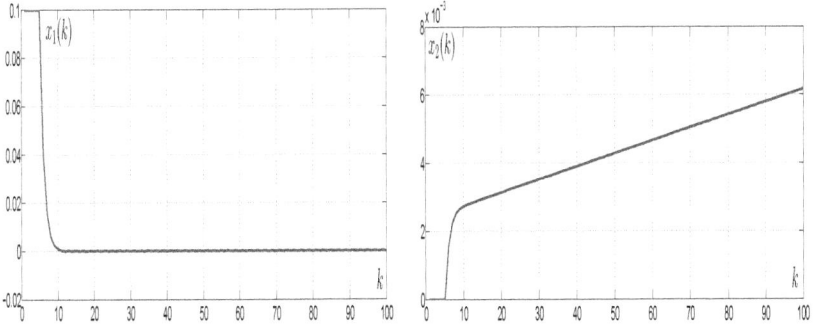

Figure III.2 – Évolution des composantes d'états $x_1(k)$ et $x_2(k)$.

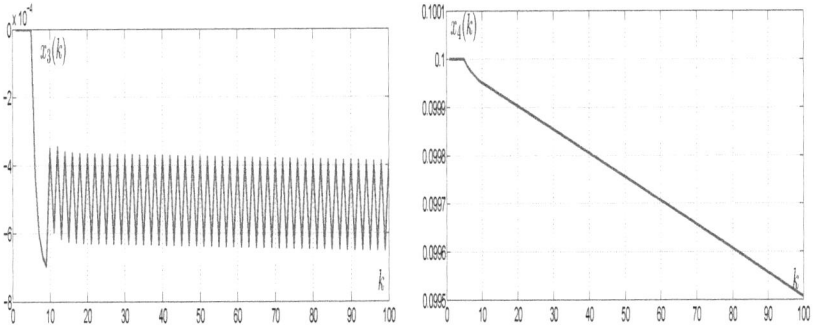

Figure III.3 – Évolution des composantes d'états $x_3(k)$ et $x_4(k)$.

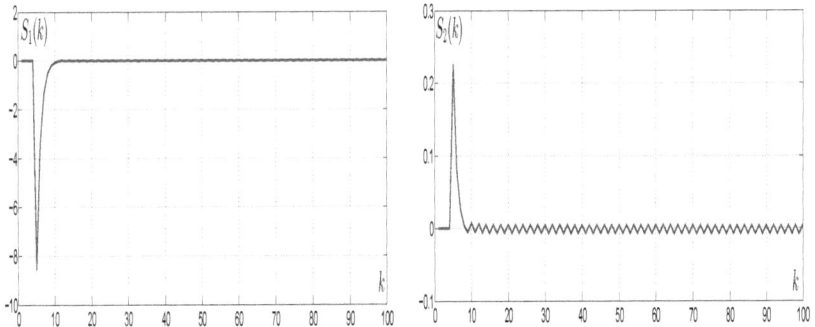

Figure III.4 – Évolution des fonctions de glissement $S_1(k)$ et $S_2(k)$

On constate d'après les résultats de simulation que la commande appliquée au système est incapable d'assurer la stabilité du système. Donc la méthode de placement des pôles est inapplicable d'assurer la stabilité pour les systèmes multivariables à retard sur l'état.

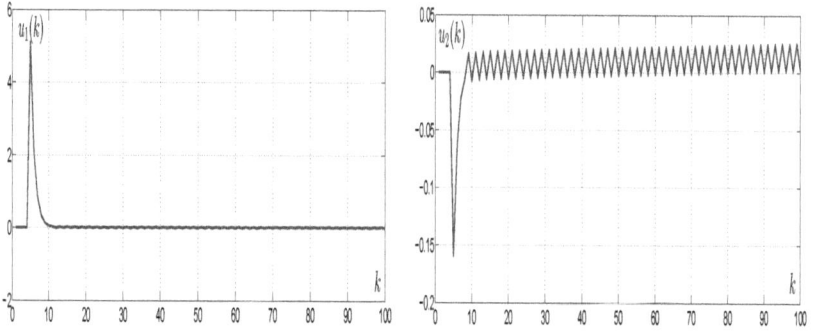

Figure III.5 – Évolution des commandes $u_1(k)$ et $u_2(k)$

III.5.2   Choix de surface de glissement à l'aide de LMI's

Considérons un système multi-variable pris sous la forme suivante

$$\begin{cases} x_1(k+1) = A_{11}x_1(k) + A_{12}x_2(k) + v(k) \\ x_2(k+1) = A_{21}x_1(k) + A_{22}x_2(k) + B_2u(k) + w(k) \\ x(k) = \phi(k) \end{cases} \quad (III.27)$$

où $v(k)$ et $w(k)$ sont supposées comme étant des perturbations sur la dynamique du système. Elles sont définies par :

$$v(k) = A_{d11}x_1(k-d) + A_{d12}x_2(k-d), etw(k) = A_{d21}x_1(k-d) + A_{d22}x_2(k-d)$$

La fonction de glissement choisi est définie par :

$$S(k) = Cx_1(k) + x_2(k) = [C \ \ I]\,x(k) = \bar{C}x(k) = 0 \quad (III.28)$$

tel que :

- $C \in \Re^{m \times m}$ est un vecteur des coefficients choisi pour assurer la stabilité de système en boucle fermée.
- I_m est l'identité.

En mode de glissement, on a :

$$x_2(k) = Cx_1(k) \quad (III.29)$$

On remplace ce dernière équation dans (III.27), on obtient :

$$x_1(k+1) = A_{11}x_1(k) + A_{12}x_2(k) + A_{d11}x_1(k-d) = (A_{11} - A_{12}C)x_1(k) + (A_{d11} - A_{d12}C)x_1(k-d)$$

donc, on a :

$$x_1(k+1) = \bar{A}_1x_1(k) + \bar{A}_{d1}x_1(k-d) \quad (III.30)$$

Le gain C est déterminé telle que $A_{11} - A_{12}C + A_{d11} - A_{d12}C$ soit stable.

Théorème 2 : [1]

Le système réduit (III.30) est asymptotiquement stable,s'il existe des matrices symétrique

48

définies positives P, Q et une matrice quelconque w_1 telle que la condition LMI suivante est réalisable :

$$\begin{bmatrix} W - L & * & * \\ 0 & -W & * \\ A_{11}L + A_{12}w_1 & A_{d11}L + A_{d12}w_1 & -L \end{bmatrix} < 0 \qquad (III.31)$$

tel que :
- $W = P^{-1}QP$
- $L = P^{-1}$
- $w_1 = -CL$

Exemple de simulation :

On prend le même exemple de la section précédente et on le transforme sous une forme adéquate pour la synthèse de la commande à régime glissant avec une fonction de glissement classique. Donc, on calcule le matrice de transformation M, de telle sorte on aura :

$$\begin{cases} x_1(k+1) = A_{11}x_1(k) + A_{12}x_2(k) + A_{d11}x_1(k-d) \\ x_2(k+1) = A_{21}x_1(k) + A_{22}x_2(k) + A_{d21}x_1(k-d) + A_{d22}x_2(k-d) + B_2u(k) \\ x(k) = \phi(k) \end{cases}$$
$$(III.32)$$

on a alors :

$$M = \begin{bmatrix} I_m & -B_1 inv(B_2) \\ 0_{(m \times m)} & inv(B_2) \end{bmatrix}$$

dans notre cas, on trouve :

$$M = 10^5 \times \begin{bmatrix} 0.00001 & 0 & 0.0002 & -0.0494 \\ 0 & 0.00001 & 0 & 0.0013 \\ 0 & 0 & 0.02 & -4.22 \\ 0 & 0 & 0 & 0.1 \end{bmatrix}$$

$$A = \begin{bmatrix} 0.9945 & 0.0819 & -0.0246 & -1.0427 \\ -0.0099 & 0.9975 & 0.0007 & 0.0267 \\ -0.2534 & 5.0553 & -1.1048 & -89.0138 \\ 0.1741 & -2.2014 & 0.0470 & 3.0977 \end{bmatrix} \quad A_d = \begin{bmatrix} -0.0005 & 0.006 & 0 & 0 \\ 0 & -0.0002 & 0 & 0 \\ -0.0386 & 0.5015 & 0.0006 & 0 \\ 0.0169 & -0.2201 & -0.0003 & 0 \end{bmatrix}$$

$$B = \begin{bmatrix} 0 & 0 \\ 0 & 0 \\ 1 & 0 \\ 0 & 1 \end{bmatrix}$$

La résolution de LMI (III.31) donne :

$$W = \begin{bmatrix} 35.3844 & 0 \\ 0 & 35.3889 \end{bmatrix} \quad L = \begin{bmatrix} 58.9740 & 0.0001 \\ 0.0001 & 58.9724 \end{bmatrix}$$

Par suit :

$$P = \begin{bmatrix} 0.017 & 0 \\ 0 & 0.017 \end{bmatrix} \quad Q = \begin{bmatrix} 0.4875 & 0 \\ 0 & 0.4876 \end{bmatrix}$$

La fonction de glissement est définie par :

$$S(k) = Cx_1(k) + x_2(k) = [C \ I] \, x(k)$$

tel que :

$$C = \begin{bmatrix} 0.0222 & 1.4264 \\ -0.0006 & -0.0337 \end{bmatrix} \times 10^4$$

 – La condition initiale est $\phi(k) = [0.1; 0; 0; 0.1]$ pour tout $k \in [-d, ..., 0]$,
 – On prend $M = 0.84$, et $\phi_{1,1} = \phi_{2,2} = 0.4$,
 – Le retard est pris constant $d = 4$.

La commande appliquée au système précédent est donnée par :

$$u(k) = -(CB)^{-1} \left[Ax(k) - \phi S(k) + \begin{bmatrix} m_1 sign(S(k)) \\ \vdots \\ m_m sign(S(k)) \end{bmatrix} \right]$$

Les résultat de simulations sont donnés sur les figures (III.6),(III.7),(III.8) et (III.9), représentent respectivement l'évolution des états, les fonctions de glissement et les commandes.

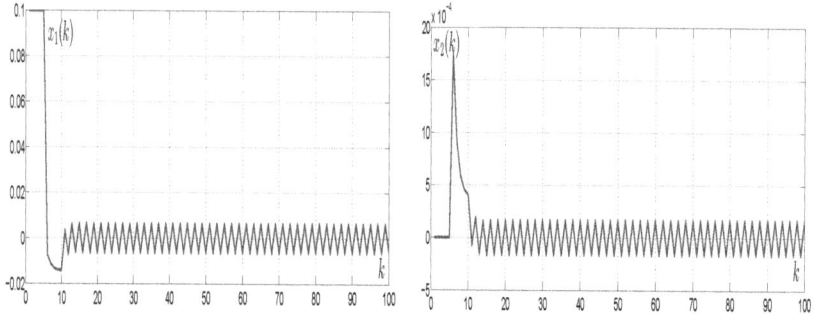

Figure III.6 – Évolution d'états $x_1(k)$ et $x_2(k)$.

III.6   Comparaison des résultats de simulations

Dans cette section, on présente une étude comparative des résultats de simulations obtenus par la méthode de placement des pôles et celle de la LMI's.

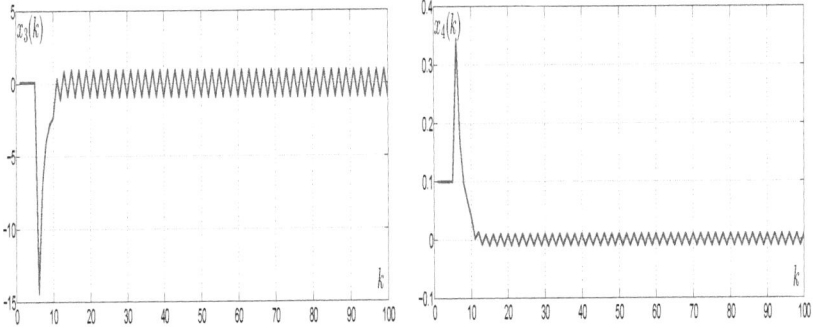

Figure III.7 – Évolution d'états $x_3(k)$ et $x_4(k)$.

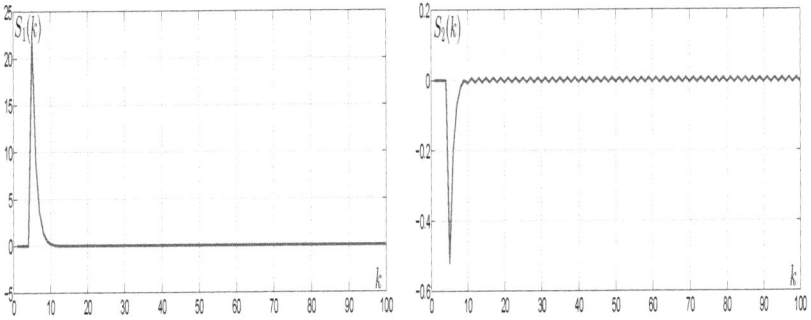

Figure III.8 – Évolution des fonctions de glissement $S_1(k)$ et $S_2(k)$.

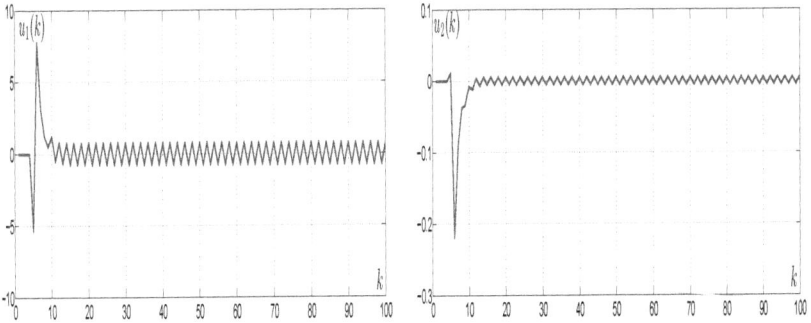

Figure III.9 – Évolution des commandes $u_1(k)$ et $u_2(k)$.

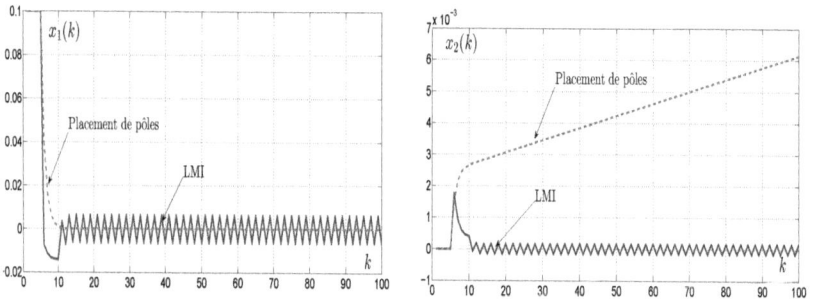

Figure III.10 – Évolution d'états $x_1(k)$ et $x_2(k)$.

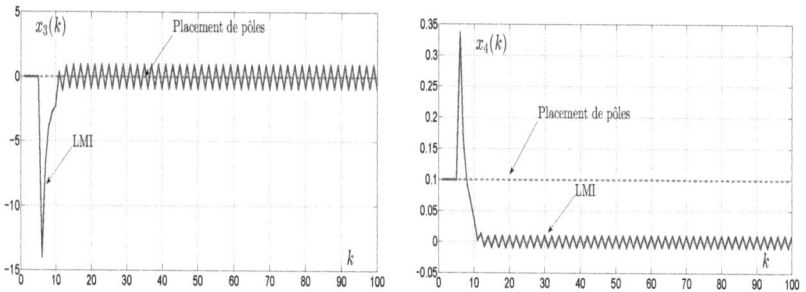

Figure III.11 – Évolution d'états $x_3(k)$ et $x_4(k)$.

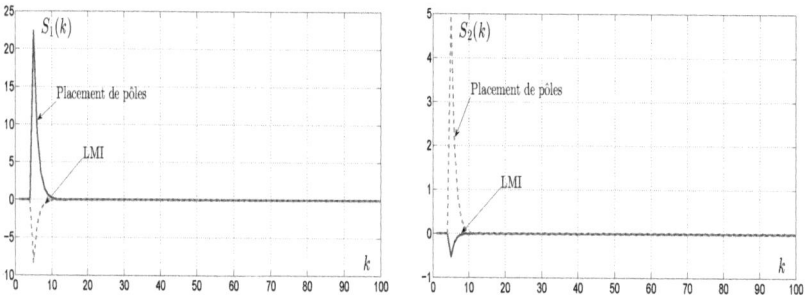

Figure III.12 – Évolution des fonctions de glissement $S_1(k)$ et $S_2(k)$.

D'après les résultats de simulations (III.10), (III.11), (III.12) et (III.13) obtenus, on remarque que pour la technique de placements des pôles, les états de système $x_2(k)$ et $x_4(k)$ ne converge pas vers 0. Si on fait le choix des coefficients de la fonction de glissement par la technique des LMI's, on obtient des valeurs optimales de ces coefficients permettant de diminuer la durée de la phase d'atteignabilité et assurant une convergence de l'état en un temps fini.

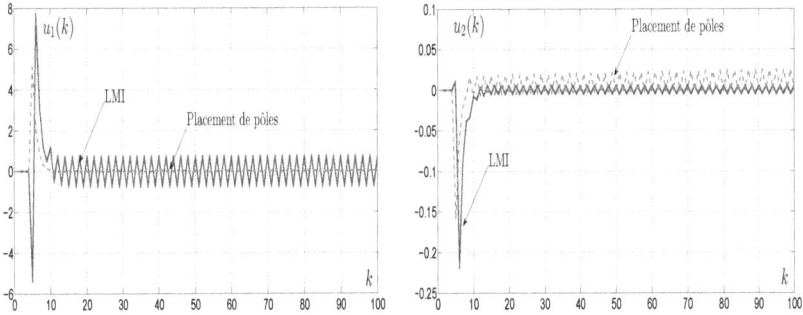

Figure III.13 – Évolution des commandes $u_1(k)$ et $u_2(k)$.

III.7   Etude de robustesse

On considère la représentation d'état des systèmes incertains sous la forme régulière suivante [35, 37] :

$$\begin{cases} x_1(k+1) = (A_{11} + \Delta A_{11})\, x_1(k) + (A_{d11} + \Delta A_{d11})\, x_1(k-d) + (A_{12} + \Delta A_{12})\, x_2(k) \\ x_2(k+1) = (A_{21} + \Delta A_{21})\, x_1(k) + (A_{d21} + \Delta A_{d21})\, x_1(k-d) + (A_{22} + \Delta A_{22})\, x_2(k) \\ \qquad + (A_{d22} + \Delta A_{22})\, x_2(k-d) + B_2 u(k) \end{cases}$$

$$\text{(III.33)}$$

avec :

- $x_1(k) \in \Re^{n-m}, x_1(k) \in \Re^m, x(k) = (x_1, x_2)^T$ représente le vecteur d'état des système,
- $u(k) \in \Re^m$ présente la commande,
- $A_{11}, A_{d11}, A_{21}, A_{d21}, A_{22}, A_{d22}$ sont des matrices de dimensions appropriées,
- $\Delta A_{11}, \Delta A_{12}, \Delta A_{d11}, \Delta A_{22}, \Delta A_{d21}$ et ΔA_{d22} sont des matrices inconnues et variables dans le temps.

$$A = \begin{bmatrix} A_{11} & A_{12} \\ A_{21} & A_{22} \end{bmatrix}, A_d = \begin{bmatrix} A_{d11} & 0 \\ A_{d21} & A_{d22} \end{bmatrix}$$

$$\Delta A_d = \begin{bmatrix} \Delta A_{d11} & 0 \\ \Delta A_{d21} & \Delta A_{d22} \end{bmatrix}, \Delta A = \begin{bmatrix} \Delta A_{11} & \Delta A_{12} \\ \Delta A_{21} & \Delta A_{22} \end{bmatrix}$$

On suppose que les variations paramétriques vérifient la condition suivante [?, ?, ?] :

$$[\Delta A_{11} \ \Delta A_{12} \ \Delta A_{d11}] = DG(k)\,[E_1 \ E_2 \ E_3]$$

avec D, E_1, E_2, E_3 sont des matrices réelles connus de dimensions appropriées.
$G(k)$ est une matrice variant dans le temps et vérifiant la condition suivante :

$$G(k)^T G(k) \leq I$$

où I est la matrice d'identité.

III.7.1   Synthèse de la fonction de glissement

La fonction de glissement est prise linéaire de la forme suivante :

$$S(k) = \bar{C}x(k) = Cx_1(k) + x_2(k) \tag{III.34}$$

où $\bar{C} \in \Re^{m \times n}, C \in \Re^{m \times (n-m)}$ sont des vecteurs à construire qui assure la stabilité du système réduit en boucle fermée.

Sur la surface de glissement, on a $S(k) = 0$, alors l'équation (III.34) donne :

$$x_2(k) = -Cx_1(k) \tag{III.35}$$

En remplaçant l'équation (III.35) dans le système (III.33), on aura :

$$x_1(k+1) = (A_{11} + \Delta A_{11})x_1(k) - (A_{12} + \Delta A_{12})Cx_1(k) + (A_{d11} + \Delta A_{d11})x_1(k-d)$$
$$= (A_{11} - A_{12}C + \Delta A_{11} - \Delta A_{12}C)x_1(k) + (A_{d11} + \Delta A_{d11})x_1(k-d)$$

Enfin, on a le système réduit suivant :

$$x_1(k+1) = \bar{A}_1 x_1(k) + \bar{A}_{d1}x_1(k-d) \tag{III.36}$$

avec :
- $\bar{A}_1 = (A_{11} - A_{12}C + \Delta A_{11} - \Delta A_{12}C)$
- $\bar{A}_{d1} = (A_{d11} + \Delta A_{d11})$

Théorème 3 :
Le système réduit (III.36) est asymptotiquement stable s'il existe des matrices symétriques définies positives P, Q et une matrice quelconque w_1 et un réel $\lambda > 0$ telle que la LMI suivante est faisable [3] :

$$\begin{bmatrix} W - L & * & * & * \\ 0 & -W & * & * \\ A_{11}L + A_{12}w_1 & A_{d11}L & \bar{L} & * \\ E_1L + E_2w_1 & E_3L & 0 & -\lambda I \end{bmatrix} < 0 \tag{III.37}$$

Avec :
- $L = -L + \lambda DD^T$
- $W = P^{-1}QP^{-1}$
- $L = P^{-1}$
- $w_1 = -CL$

III.7.2   Exemple de simulation

On considère le système linéaire incertain discret à retard constant sur l'état dont la dynamique est définie par :

$$\begin{cases} x(k+1) = (A + \Delta A)x(k) + (A_d + \Delta A_d)x(k-d) + Bu(k) \\ x(k) = \phi(k) \end{cases} \tag{III.38}$$

$$A = \begin{bmatrix} 0.9976 & 0.0215 & -0.0002 & 0 \\ -0.01 & 0.999 & 0 & 0.0004 \\ 0.0035 & -0.0439 & 0.9882 & 0 \\ 0 & -0.0002 & 0.0099 & 1 \end{bmatrix} \quad ; \quad A_d = \begin{bmatrix} 0 & 0 & 0 & 0 \\ 0 & 0 & 0 & 0 \\ 0.0003 & -0.0044 & 0 & 0 \\ 0 & 0 & 0 & 1 \end{bmatrix}$$

$$B = \begin{bmatrix} -0.0117 & 0.0006 \\ 0.0003 & 0 \\ 0.0005 & 0.0211 \\ 0 & 0.0001 \end{bmatrix}$$

- La condition initiale est $\phi(k) = [0.1 \, ; 0; \, 0; \, 0.1]$ pour tout $k \in [-d, ..., 0]$,
- On prend $M = 0.84$, $\phi_{1,1} = 0.4$, et $\phi_{2,2} = 0.4$,
- Le retard est pris constant $d = 4$,
- Les incertitudes sont prises bornées en norme de la forme suivante :

$$\Delta A = 0.1 A sin(0.1k\pi) \ \ et \ \ \Delta A_d = 0.1 A_d cos(0.1k\pi)$$

La commande appliquée au système (III.38) est donnée par :

$$u(k) = -(CB)^{-1} \left[Ax(k) + A_d(k - d) - \phi S(k) + \begin{bmatrix} m_1 sign(S(k)) \\ \vdots \\ m_m sign(S(k)) \end{bmatrix} \right] \tag{III.39}$$

La résolution de la LMI (III.37), donne les paramètres suivants :

$$L = P^{-1} = \begin{bmatrix} 1.4352 & 0.0918 \\ 0.0918 & 1.3578 \end{bmatrix} \ \ ; \ \ W = P^{-1}QP^{-1} = \begin{bmatrix} 0.8237 & 0.0306 \\ 0.0306 & 0.7980 \end{bmatrix}$$

$$\lambda = 0.0129 \qquad w_1 = 10^4 \times \begin{bmatrix} -0.1628 & -1.9388 \\ 0.004 & 0.0458 \end{bmatrix}$$

Alors :

$$P = \begin{bmatrix} 0.6998 & -0.0473 \\ -0.0473 & 0.7397 \end{bmatrix} \qquad Q = \begin{bmatrix} 0.4032 & -0.0393 \\ -0.0393 & 0.4363 \end{bmatrix}$$

La fonction de glissement est :

$$S(k) = \bar{C}x(k) = Cx_1(k) + x_2(k)$$

$$C = 10^4 \times \begin{bmatrix} 0.0222 & 1.4264 \\ -0.006 & -0.0337 \end{bmatrix}$$

Les résultats de simulations sont enregistrés sur les figures (III.14), (III.15), (III.16) et (III.17).

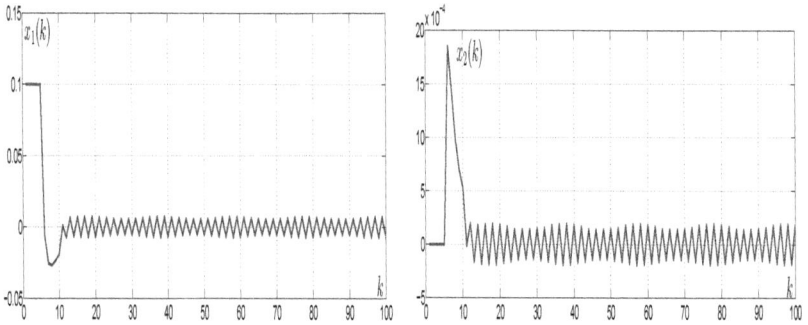

Figure III.14 – Évolution des composantes d'états $x_1(k)$ et $x_2(k)$.

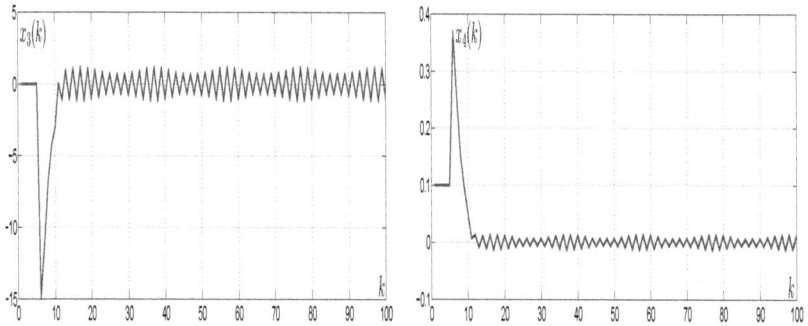

Figure III.15 – Évolution des composantes d'états $x_3(k)$ et $x_4(k)$.

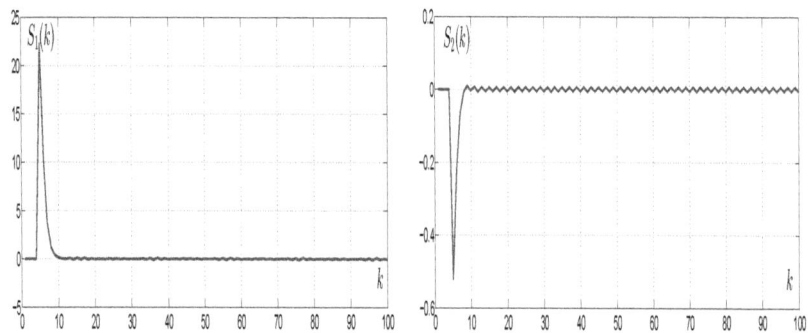

Figure III.16 – Évolution des fonctions de glissement $S_1(k)$ et $S_2(k)$.

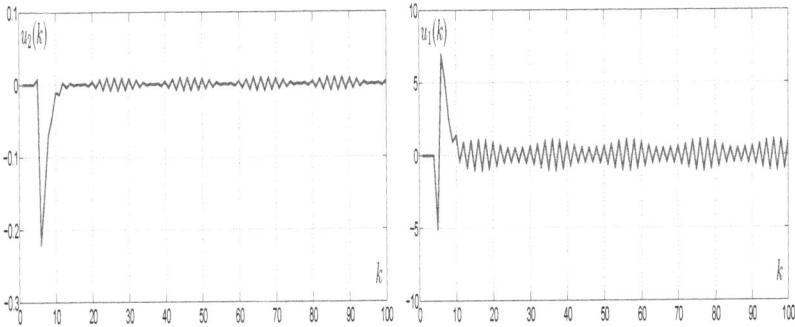

Figure III.17 – Évolution de commandes $u_1(k)$ et $u_2(k)$.

Ces figures représentent respectivement l'évolution des états, les fonctions de glissements et les commandes. En analysant les résultats de simulation, on constate que malgré la présence du retard et des variations paramétriques dans la dynamique du système, la commande à régime glissant est capable de stabiliser les états du système autour des états désirés. Ceci est alternés par la présence des oscillations indésirable dû à l'utilisation de la composante discontinue $(sign(S(k)))$.

III.8   Conclusion

Dans ce chapitre, on a donné tout d'abord, une extension de la commande à régime glissant discrete aux systèmes multivariables. Par la suite, on a utilisé la technique de placement des pôles et celle de LMI's pour déterminer les coefficients de la fonction de glissement, d'après les résultats de simulations on a montré l'efficacité de la technique de LMI's par rapport à la méthode de placement des pôles dans la diminution de la durée de la phase d'atteignabilité et la convergence des états du système. Enfin, on a présenté la robustesse de la commande, pour les systèmes multivariables, vis-à-vis des variations paramétriques bornées en norme.

Bibliographie

[1] N. Abdennabi. *Contribution à la commande à régime glissant des Systèmes discrets à Retard.* PhD thesis, Ecole Nationale d'Ingénieurs de Gabès, 2014.

[2] N. Abdennabi, M. Ltaief, and A.S. Nouri. Discrete sliding mode control for time-varying delay systems : A multi-delay approach. *International Journal of Modeling, Identification and Control,* 2013.

[3] N. Abdennabi and A.S. Nouri. A new sliding surface for discrete second order sliding mode control of time delay systems. In *Proccedings of 9th International Multi-Conference on Systems , Signals Devices SSD'12, March 20-23, Chemnitz, Germany.,* 2012.

[4] D. Alliche. *Commande par placement de structure propre appliquée à la dynamique latérale de l'avion.* PhD thesis, Ecole de Technologie Supérieure - Université du Quebec, 2003.

[5] D.V. Anosov. *On stability of equilibration points of relay systems,* volume 2. Automation and Remote Control, 1959.

[6] S. Ben Atia and M. Ltaeif. Adaptative smith predicteur : Multimodel approach. In *Proccedings of 10th International Multi-Conference on Systems, Signals Devices SSD'13, March 18-21, Hammamet, Tunisia.,* 2013.

[7] H. Bühler. *Réglage par mode de glissement.* Presse Polytechnique Romandes Lausanne, 1986.

[8] E.K. Boukas. Discrete-time systems with time-varying time delay : Stability and stabilizability. *Mathematical Problems in Engineering,* 2006 :1–10, 2006.

[9] O. Camacho, R. Rojas, and W. García-Gabín. Some long time delay sling mode control approaches. *ISA. Transactions,* 46 :95–101, 2007.

[10] K. Dehri. *Sur le rejet des perturbations harmoniques par les régimes glissant.* PhD thesis, Ecole Nationale d'Ingénieurs de Gabès (ENIG), 2013.

[11] SV Emel'yanov. On pecularities of variables structure control systems with discontinuous switching functions. *Doklady ANSSR, pp. 776–778, Vol. 153,* 1963.

[12] H. Gao, J. Lam, C. Wang, and Y. Wang. Delay-dependent output-feedback stabilisation of discrete-time systems with time-varying state delay. *IEE Proc. Control Theory Application,* 151 :691–698, 2004.

[13] W. Gao, Y. Wang, and H. Homaifan. Discrete-time variable structure control systems. *IEEE Transaction On Industrial Electronic,* 42 (2) :117–122, 1995.

[14] K. Gu, J. Chen, and V. Kharitonov. *Stability of time-delay systems.* Springer, 2003.

[15] U. Itkis. *Systems of Variable Structure.* Willey, New-York, 1978.

[16] E.M. Jafarov. *Variable Structure Control and Time-Delay Systems.* A Series of Reference Books and Textbooks, Europe Office, Greece, WSEAS Press, 2009.

[17] S. Janardhanan, B. Bandyopadhyay, and V. K. Thakar. Discrete-time output feedback sliding mode control for time-delay systems with uncertainty. *Proceedings of the 2004 IEEE International Conference on Control Applications,Taipei, Taiwan,*, pages 1358–1363, 2004.

[18] M. Jankovic and I. Kolmanovsky. Constructive lyapunov control design for turbocharged diesel engines. *IEEE Transactions on Control Systems Technology, vol. 8, N° 2, pp. 288–299,*, 2000.

[19] T. Kalmár-Nagy, G. Stépán, and F.C. Moon. Subcritical hopf bifurcation in the delay equation model for machine tool vibrations. *Nonlinear Dynamics, Springer, Vol. 26, N° 2, pp. 121-142,* 2001.

[20] V.B. Kolmanovskiĭ. *Stability of functional differential equations.* Elsevier, 1986.

[21] X. Li and R.A. Decarlo. Robust sliding mode control of uncertain time delay systems. *International Journal of control, Taylor & Francis, Vol. 76, N° 13, pp. 1296–1305,* 2003.

[22] P. Lopez and A.S. Nouri. *Théorie élémentaire et pratique de la commande par les régimes glissants.* Mathématiques et applications 55, SMAI, Springer - Verlag, 2006.

[23] M. Mihoub. *Contributions à la commande numérique et à l'observation des systèmes complexes en régime glissant.* PhD thesis, Ecole National d'Ingénieures de Gabès, 2010.

[24] G. Monsees. *Discrete-Time Sliding Mode Control.* PhD thesis, Delft University of Technology, 2002.

[25] A.S. Nouri. Sur les régimes glissants continu et discret. Technical report, Rapport d'habilitation universitaire, Ecole nationale d'Ingénieurs de Sfax, 2008.

[26] J.P. Richard. Time-delay systems :an overview of some recent advances and open problems. *Automatica,* 39 :1669–1694, 2003.

[27] M.S. Saadani. *Contribution à la commande robuste d'une classe des systèmes dynamiques à retard.* PhD thesis, Thèse de doctorat en Automatique, Université de Poitiers , Laboratoire d'Automatique et d'Informatique Industrielle de Poitiers, 2006.

[28] S.Z. Sarpturk, Y. Istefanopulos, and O. Kaynak. On the stability of discrete-time sliding mode control systems. *IEEE Transactions on Automatic Control, Vol. 32, N°10, pp. 930-932,* 1987.

[29] A. Seuret. *Commande et Observation des Systèmes à Retards Variables :Théorie et Applications.* PhD thesis, Ecole central de Lille, 2006.

[30] H. Sira-Ramirez. Structure à l'infini, zéro dynamique et formes normales des systèmes subissant des mouvements de glissement. *Revue internationale des sciences des systèmes,* 21(4) :665–674, 1990.

[31] H. Sira-Ramirez. Non-linear discrete variable structure systems in quasi-sliding mode. *International Journal of Control,* 54 :1171–1187, 1991.

[32] S.B. Stojanovic, D.Lj. Debeljkovic, and I. Mladenovi. A lyapunov-krasovskii methodology for asymptotic stability of discrete time delay systems. *Serbian journal of electrical engineering,* 4(2) :109–117, 2007.

[33] Y. Z. Tsypkin. Theory of relay control systems. *State Press for Technical & Theoretical Literature, Moscow,* 1955.

[34] V.I. Utkin. *Sliding Mode in Control Optimisation.* Springer-Verlag, Berlin, 1992.

[35] H. Xiao, W. Chen, and C. Gao. Discrete sliding-mode control of uncertain systems with time delays. *Proccedings of the International Conference on Modelling, Identification and Control, Okyama, Japan*, pages 882–885, 2010.

[36] M. Yan, A. S. Mehr, and Y.Shi. Discrete-time sliding-mode control of uncertain systems with time-varying delays via descriptor approach. *Control Science and Engineering*, page 8, 2008.

[37] M. Yan and Y. Shi. Robust discrete-time sliding mode control for uncertain systems with time-varying state delay. *CIET Control Theory and Applications*, 2(8) :662–674, 2008.

[38] M. X. Yan, Y.W. Jiang, and Y. Zheng. The output feedback variable structure control for discrete-time systems with uncertainties and time delay. *International Conference on Intelligent Computation Technology and Automation*, pages 516–520, 2008.

Résumé

Dans ce travail, on s'interesse à la commande à régime glissant des systèmes discrets à retard sur l'état.

Dans le but d'améliorer les performances du système en boucle fermée, une surface dite surface dynamique est proposée.

Les coefficients de cette surface de glissement sont obtenus d'une façon optimale suite à la résolutions des IML. Une analyse de robustesse de la commande à régime glissant vis-à-vis des variations paramétriques sur les performances en boucle fermée a été effectuée.

La méthodologie de synthèse à base des IML est généralisée au cas des systèmes multivariables à retard sur l'état. .

Mots-clés: système à retard, Régime glissant, IML, Surface de glissement dynamique, Robustesse.

Abstract

In this work, we dealt with the discret sliding mode control of a state time delay systems.

In order to improve the performances's closed loop, the dynamical sliding surface is proposed. The coefficients of this sliding surface were obtained optimally due to the resolution of linear matrix inequality (LMI). The robustness of the control law is analyzed.

The synthetic methodologies based on LMI choice for of the surface's coefficients was generalized in the case of multivariable state time delay systems

Keywords: Delay system, Sliding Mode, LMI, Dynamical sliding surface, Robustness.

www.ingramcontent.com/pod-product-compliance
Lightning Source LLC
Chambersburg PA
CBHW021607210326
41599CB00010B/646